味・香り「こつ」の科学：おいしさを高める味と香りのQ＆A

日本料理為什麼好吃？

從食材到廚房，176個有趣的美味科學Q＆A

川崎寛也・著

作者的話

關於本書的發想，最早是來自杉田浩一教授於一九七一年所出版的《料理好「科學」》（「こつ」の科学），它讓我對烹調的科學產生了興趣。書在二〇〇六年曾以新裝版的形式，針對產生科學性發展的部分追加註釋後重新發行。當我收到柴田書店邀請來撰寫本書時，實在感到戒慎恐懼，甚至一度想拒絕這次的邀約。但是在科學的世界裡，我想起牛頓曾說過要「站在巨人的肩膀上」；科學家的工作，就是得將前人的發現作為基石，才能提出新的發現。身為這本書的忠實讀者，我於是抱持著對杉田教授一書致敬的角度，以書籍續篇的方式，懷抱著敬意完成了本書。

飲食基本上包含了三種樂趣。分別是食用的樂趣、烹調的樂趣，以及求知的樂趣。這本書除了有關於料理製作和品嘗的實用知識之外，也將各式各樣的「祕訣」以科學的角度進行解析。知道製作好吃料理的原理，不但可以讓料理變得更加美味，也會出現因此想試著做那道料理的人吧！而且知道「祕訣」這件事也會刺激求知慾，讓人想了解更多相關知識。這些樂趣是會彼此相互串聯的，期待有更多人因為其中的某個契機，進而享受料理並且愛上料理。

這本書是以回答一百七十六個提問的形式編撰，再加上十五個專欄，讓讀者能獲取關於味道和香氣的基礎知識。提問的內容中，或許含有對一般讀者而言，稍微深奧的專業內容，這是因為我長年研究專業的調理技術，在針對專業人士的料理雜誌《月刊專門料理》中，和其他專業廚師一同針對美味的科學和設計方面，進行研討、連載的關係。基於這樣的經驗，我也從專業廚師那裡收集到一些問題，所以這部分內容或許會比較深入一些，但是了解「原來一流的廚師是這樣想的啊！」也是一件有趣的事。

為了做出好吃的料理，我會向專業廚師請益「祕訣」是什麼。而不同的廚師則教導我各種不同的做法。為什麼做法不能統一呢？那是因為依店家不同，廚師學習到的內容也不同，廚房的設備更有所差異，但最根本的原因，還是食材的內容不同的關係。通往山頂有很多條道路，但是「做出美味料理」這個頂峰是共同的目標。以科學角度來理解「祕訣」，才能讓大家更有效率地登上這座山，更快抵達頂峰吧！現代的料理界因為人才不足，沒有時間像以前那樣慢慢地培養繼任者，所以一邊理解原理一邊提升技術，才是最快的捷徑。

所謂料理的科學，光是研究烹調技術中的科學是不夠的，也必須依據不同的烹調技術區分可以料理的成分，以及食物的構造如何改變，這些相關知識都是必要的。更重要的事情是，人的感覺器官如何接收這些美味成分和理解美味構造這一點。比方說即便含有美味的成分，但如果不是每個人都能夠感覺出來的程度的話，就沒有意義了。這本書的日本原名《味道和香氣「祕訣」的科學》（味・香り「こつ」の科学）就是基於這樣的原因和理由而來。

執筆編寫這本書，光靠我一個人的力量是無法達成的。由衷地感謝每一位提供專業知識的一流料理人，以及給予我本次機會的柴田書店的各位，尤其是一直引導我，直到書籍完成為止的柴田書店書籍編輯部的長澤麻美小姐，在此發自內心感謝以上各位的支持與協助。

二〇二一年七月

川崎寛也

目錄

味覺、嗅覺整體

食材的風味、香氣

【蔬菜、水果、穀類、植物性食品】

烹調與味道、香氣

【高湯】

設計全新的菜單

風味×風味

Column

味覺、嗅覺整體

關於味覺和味道、嗅覺與氣味的

基礎知識和單純提問

Q

001

味覺的定義

味覺是為了什麼而存在？

人類的五感，在生理上具有不可或缺的意義，是生存必要的存在，例如其中之一的味覺，被認為具有感知人體必需營養素的感應器功能。身處在大自然環境中，能判斷這是不是可以吃的食物，可說攸關生命存亡。

尤其是食物腐敗後的酸味，或是可能會變成毒藥的苦味等，吃下後也許都會對身體造成傷害，因此當散發這些味道的東西進入口中，作為吞嚥之前的最後關卡，味覺就必須確實發揮功能才行。相反的，為了盡可能攝取那些可以成為能量來源，而且是身體不可或缺的營養素，感知能力也是必要的。

這麼一想，覺得「好吃」這項生物的本能，或許就是一種「攝取營養素的喜悅」吧！

「想吃」的慾望從何而來？

有時候會突然非常想吃甜的或辣的東西，為什麼會這樣呢？

想吃特定味道的食物，這種慾望可說是食慾最原始的表現。為了要存活下去，必須獲取能量並且打造健全的身體，食物中的營養素便成為必備的材料。為了防止人體缺乏必需營養素，所以我們會主動想要攝取那些營養素。但由於可以儲存在體內的營養相當有限，所以我們必須經常性地管控體內的營養素狀態，不足的時候就隨時補充。

某項研究結果指出，雖然運動後對於鹹味和鮮味（麩胺酸鈉＝味精）的美味感受度，跟運動前沒有兩樣，但是對於甜味（砂糖）的美味感受度卻變得相當強烈[1]。這是因為運動後體內的能量明顯不足，對於成為能量來源的甜味於是產生了美味的感覺，因而出現想要攝取的慾望。然而運動對於鹹味並沒有產生美味程度上的感知變化，這是因為鹽分儲存在體內的量相當少，我們本來就會經常想攝取，這也是為什麼才會說，減鹽是一件相當困難的事。

順帶一提，這些味道的閾值（可以感覺到的最低濃度）在運動前後並沒有產生變化。前面提到的甜味，假設閾值下降的話，意味著可以感覺到濃度很低的甜味。這麼一來對於那些不甜的，也就是說，即使是吃了醣質含量很低的食品也可以感覺到甜味，但是這些食品因為醣質很少，所以供給能量的效率很差。所以當閾值沒有改變卻出現想吃的慾望，那就表示必須得盡可能、有效率地攝取含有高濃度甜味的食品。

Column 1

味道的種類—五種基本味道

現在以科學角度定義的「基本味道」分別是甜味、鮮味、鹹味、酸味、以及苦味。

我們可以將甜味想成是碳水化合物（醣），換句話說就是能量的信號，但因為碳水化合物的分子很大，沒辦法附著在甜味的受體上，因此轉化為「感覺糖分」這種碳水化合物分解物的味道。同樣的，鮮味也可以想成是蛋白質的信號，但因為蛋白質的分子很大，所以轉化為「感覺胺基酸」這種蛋白質分解物的味道。

鹹味就是氯化鈉（NaCl）的味道，我們可以將它想成是礦物質的信號。氯化鈉溶入水中就會游離，分解成Na和Cl，因為有這兩種化學元素同時存在，所以感覺到鹹味。減鹽的困難之處，就是因為目前仍沒有可以替代它們的物質。

酸味也可以說是氫離子的味道。醋的醋酸等酸性物質會溶出大量的氫離子，而酸味受體會接收這些氫離子。當食品腐敗之後，因為微生物大量分泌酸性物質的關係，所以散發酸味的食品常常會被認為是已經腐敗了。當然也有很多不會分泌酸性物質卻會導致食物中毒的細菌，所以不見得「沒有變酸」就代表是安全的。另一方面，檸檬等檸檬酸的酸味更不是腐敗的信號，反而可以說是能量的信號。疲勞的時候感覺酸的東西特別好吃，就是這個原因。

苦味，可以在植物含有的毒性物質生物鹼中感覺到。順帶一提，除了苦味以外的味道受體有一至三種，但光是苦味的受體就高達二十五種之多，生物能察覺到很多種毒素，為的就是不讓自己吞下這些毒素的關係。

一九一六年德國的漢斯．亨寧確立了基本味道是甜味、鹹味、酸味和苦味，但是依據近年的研究結果，也將鮮味認定為第五種「基本味道」。山本先生將成為基本味道的條件歸納統整如下：

①基本味道與其他味道之間存在明顯的差異，無法與其他味道混合或合成。

②基本味道是獨立於其他味道的，可以選擇性地抑制對它的感受度。

③味蕾表面膜的受體，針對不同的基本味道而有所不同，並存在不同的資訊轉化機制。

④與味覺資訊傳達和資訊處理相關的神經細胞，會對某種基本味道有反應。

⑤會有人因為遺傳導致欠缺對某種基本味道的感受度。

⑥基本味道是由化學構造明確的單一化學物質構成。

⑦可以將基本味道適度混合之後，以人工方式合成任何一種味道。

但是山本先生也指出，基本味道並非能同時滿足上述所有條件。附帶一提，針對「油味」或是「鈣的味道」等第六種味道，也有研究者認為它們根本不屬於基本味道。此外也有研究指出，最近會以「濃郁的味道」來表現濃厚口味的感覺，它雖然不是味覺，卻會影響味道的感覺，看來這項議題還有進一步研究與討論的必要性。

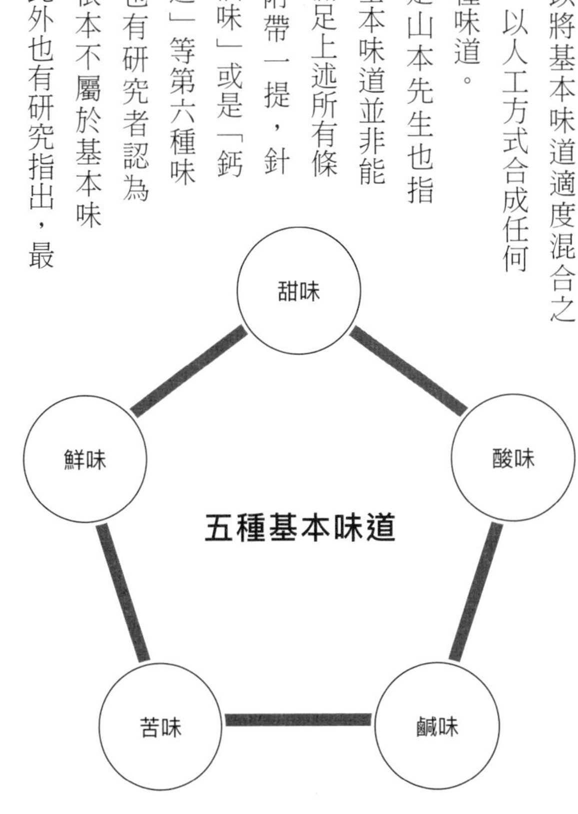

可以透過訓練養成？

味覺可以透過訓練的方式進行鍛鍊嗎？還是遺傳呢？

所謂鍛鍊味覺是怎麼一回事呢？的確，有人會因為遺傳的關係，無法感覺到特定的苦味物質，嗅覺的遺傳因子也發現有因人而異的狀況。但是關於這個味覺的提問，我想將它定義成針對調味料和食品的質感（五種基本味道和香氣、口感等）的強度，以及長時間持續後能否透過適當的詞彙表達。因為製作料理並使用明確的詞彙表達，這點在與他人進行交流與評論的時候是很重要的。

而這種表現力是可以透過訓練進行鍛鍊的。在「感官分析」這項學術領域中，專家會依據不同的味道和香氣，變更作為基準的物質濃度後再進行分析。透過多次反覆確認之後，記憶它的內容和強度。同時透過和他人一同討論的方式，逐漸調整自己的感覺表現方式。味覺和嗅覺最困難的地方，就是無法像視覺一樣用手指著說「這個是深紅色」。因此，為了能夠具體表達出自己感受到的感覺，就必須透過語言表達並進行討論，用這個方式讓身體記憶味道和香氣，同時逐漸磨練自己的感覺。

透過訓練，我們就能感受到低濃度的味道及香氣，換句話說，東西只加入微量的味道和香氣也能夠察覺得到。若認為自己無法辨識微量添加物，有可能是有感覺卻沒有意識到，或者只是單純沒有想到適合用來表達的說法而已。

Q
004

對食鹽的愛好

為什麼日本東北地區的料理，大部分都比較鹹呢？

在一項針對「日本人食鹽攝取量的區域性差異」研究調查中顯示，越寒冷的地區，在食鹽的攝取量上也會變得比較高[2]。

但是，人們對食鹽的愛好度，其實是受到各種不同因素所影響，沒辦法單純全以氣候差異進行說明。在日本，醬油和味噌等調味料中也含有食鹽，其他像是各種醃漬物、魚肉加工食品等也都有使用食鹽，所以鹽量攝取多寡也可能是區域飲食文化特性的關係。如果單純受到氣候影響的話，那麼位處在比日本更寒冷氣候的國家，食鹽攝取量必須更高，才能讓這項說法成立，但事實上並非全然如此。相反的，也有像是泰國等比日本更熱而食鹽攝取量卻更多的國家[3]。所以看來東北地區料理較鹹不只是食鹽本身的問題，而是當地有很多含有食鹽成分且很好吃的調味料，諒許多料理都使用了這些調味料，進而導致食鹽攝取量增加。讓我們期待今後更多的研究結果吧！

活用鮮味、香草和辛香料

煮飯時被要求必須控制鹽分使用量，該怎麼做才能減少鹽分並讓料理好吃？

世界各地都提倡減鹽，但這件事原則上很難達成。減鹽的方法可以分成以下四種[4]。

首先是階段性減少鹽分攝取量的策略。這個方法雖然有效，但是必須配合行為模式的改變，所以困難度很高。

第二種方法是使用氯化鉀（KCl）等與食鹽（NaCl）不同礦物質的鹽分。不過氯化鉀帶有苦味，現在市面上販售的產品，則多已透過各種方式降低了苦味。

此外，也有改變食鹽顆粒形狀和大小，努力將改變方式控制在料理外觀上的方式。料理本身盡可能不要加鹽，只在料理的外觀使用少量顆粒比較粗的鹽粒，透過視覺刺激達到加強整體印象的效果。

最後就是透過味道和香氣產生變化的活用方式。

即使減少鹽分，如今人們也已經可以透過添加鮮味、辛香料和香草等方式，來獲得滿足感。

有一項針對鮮味效果的喜好性研究，在使用2%柴魚片製作的日式清湯中，添加含有食鹽和味精（MSG）這個鮮味成分之後，進行測試。結果顯示，當沒有添加任何鮮味成分時，最佳食鹽濃度為0.92%，但添加了0.5%鮮味成分之後，最佳食鹽濃度降為0.77%。最佳組合則是：食鹽濃度0.81%搭配鮮味成分濃度0.38%[5]。由此可知，鮮味成分具有幫助減鹽的效果。此外，針對在料理中添加鮮味成分時，可以感受到有變化的這一點，是在添加適當強度的鮮味時，增加了「濃厚度、深度、廣度」等印象，由此可知料理受到喜愛的程度有所提升。

關於辛香料和香草，以美國人為對象進行的研究顯示，他們會在雞湯和番茄湯中添加奧勒岡、羅勒、墨角蘭、月桂葉來達到減鹽的效果[6]。以日本人為對象的研究也顯示，在調查辛香料的水溶性抽取液成分中的鹹味效果時，確認發現羅勒、芹菜、德國洋甘菊、烏龍茶、奧勒岡、紅椒粉、肉豆蔻、紫蘇等具有增強鹹味感覺的效果。但相對的，即使增加了鹹味，某些香料卻也帶來了一些不好的鹹味（苦味、澀味、強烈、具有刺激感的感覺等）[7]。不過其中烏龍茶和紫蘇則是提昇了鹹味的質感（清爽感、醇厚、順口等）。

也有結果顯示，醬油和柴魚片的香氣也具有增強鹹味的效果[8]。

我們應該思考的是，如何妥善綜合運用這些方式，即使減鹽，也可以做出令人滿意的料理。

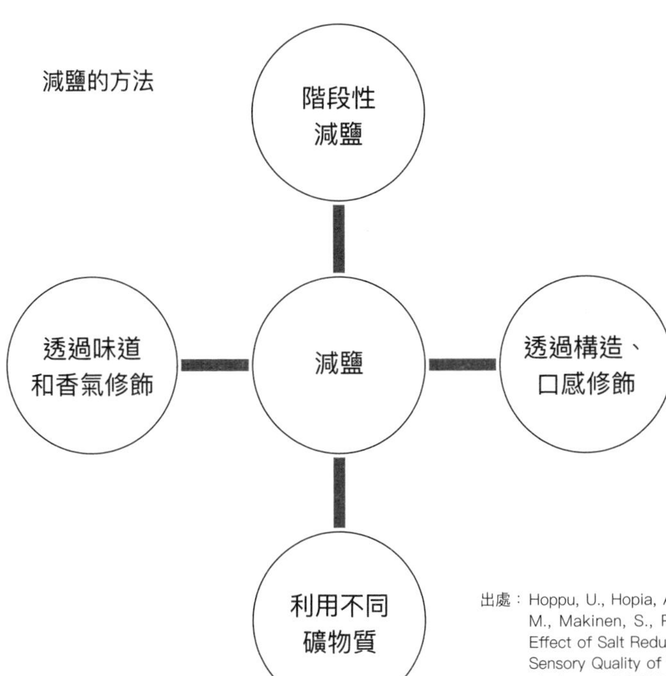

出處：Hoppu, U., Hopia, A., Pohjanheimo, T., Rotola-Pukklia, M., Makinen, S., Pihlanto, A., & Sandell, M. (2017). Effect of Salt Reduction on Consumer Acceptance and Sensory Quality of Food. Foods 2017, Vol.6, Page 103, 6(12), 103. 日語翻譯版

Q 006 烏龍麵和蕎麥麵的湯汁，為什麼關西和關東的口味差異這麼大？

都是活用鮮味的加乘效果

料理，就是將在地的食材加工，成為當地人們可以接受的口味。食材與當地的自然環境具高度的關聯。在交通網絡發達之前，這種傾向尤其特別明顯。另一方面，人們感覺好吃的要素也和必要的營養素強烈結合。一般而言，人類的必需營養素並沒有很大的差異，大自然具有多樣性的食材，和人類的需求在某種程度上收斂並相互結合之後就是料理，因此料理才會具有多樣性。

（上）東京蕎麥麵店的湯蕎麥
（下）大阪烏龍麵店的湯烏龍

關西地區，因為匯集了從北海道取得的上等昆布，再加上鹿兒島和高知的柴魚片，活用昆布的麩胺酸和柴魚片的肌苷酸所產生的加乘效果，所以一直以來都使用具有強烈鮮味的食材做湯頭。至於關東地區的烏龍麵和蕎麥麵，則是使用以醬油為主體的「麵汁」（かえし）來調味，很多店家的高湯只使用柴魚片也是一大特徵。耐人尋味的是，與柴魚片的肌苷酸結合的不是昆布，而是醬油的麩胺酸這一點。兩者同樣都活用了鮮味的加乘效果，但是來源卻大不相同。

Q
007

味噌湯和高湯

聽說味噌湯裡面不需要加高湯是真的嗎？

無論是一般家庭還是餐廳，因為用料不同和味噌的區域性差異，以及配合不同季節採用各式烹調手法，讓味噌湯成為一道極具深度的料理。無論使用任何食材都可以變身為好吃的料理，這就是味噌湯。

製作味噌湯時，高湯可說是不需要的，但也可說是不可或缺。如果只是單純將味噌溶到熱水裡面，總覺得好像哪裡不太足夠。也就是說，光是仰賴把味噌溶解到水裡面時產生的鮮味成分，這濃度還不足以達到讓人感覺好吃的程度。其實味噌湯必備的並不是有沒有加高湯，而是「鮮味」。這股鮮味究竟是來自於湯頭？還是來自於食材？才是我們必須思考的問題。

昆布和柴魚片、小魚乾等「高湯素材」是日本人花了很長一段時間發現的，為了讓湯裡面含有大量鮮味成分，而加工製作出來的素材。法式料理和中華料理則會使用雞肉等生鮮食材，經過長時間熬

添加豆腐和海帶芽的味噌湯

煮後，逐漸抽取出鮮味成分的麩胺酸等胺基酸，以及肌苷酸這類核酸，慢火熬煮濃縮之後產生梅納反應，來增添焦香的香氣。

但是日本的高湯素材已經透過加工手法，利用乾燥法等加工方式進行濃縮，也產生了梅納反應，所以人們在廚房裡只需要做提煉、取出這個簡單的動作。也因為在廚房的作業只有「取出」而已，所以日文才會將它稱為「出汁」。

使用高湯素材時，相信不少人都會覺得過濾作業和處理高湯殘渣是相當麻煩的事情。但若因為取得高湯的程序繁瑣，就不煮味噌湯的話，是一件非常可惜的事。所謂的高湯，或許大家會有一定要使用小魚乾等「必要食材」這種先入為主的觀念。如果是這樣，為了降低這種繁瑣流程的困難度，只要使用已經抽取出鮮味成分的食材，就能夠有效補強鮮味。在這層意義上，或許煮味噌湯時「不使用高湯」是有其效果的。

但在這種情況下，就必須具備「可以從哪一種食材中抽取出大量鮮味成分」的專業知識。每種食材本身都具有各自擁有的風味，比方說臘腸就添加了肉的風味和煙燻的風味。想煮一碗沒有煙燻風味的味噌湯，必須調查其他含有大量鮮味成分的食材，才能思考並搭配出想要的風味。

以這樣的模式看來，所謂的高湯素材，可以說是保存良好又不會蓋掉食材或味噌特有風味的精煉調料，並因此長久流傳到現代。當然我也很推薦大家選用「高湯塊」，作菜才會更加簡便。

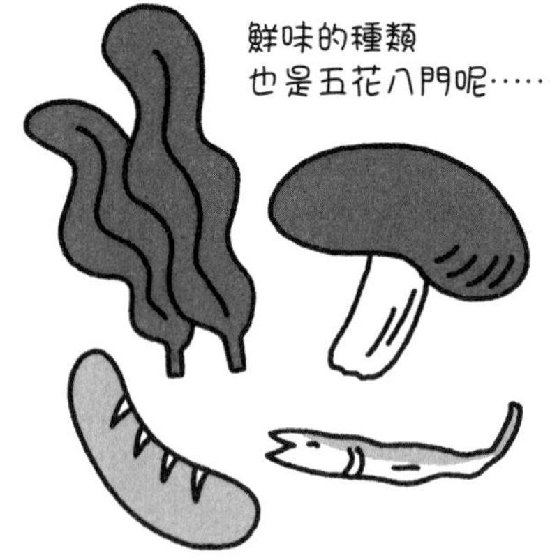

會讓人上癮的要素

總是會忍不住購買「奶油醬油口味」的零食，為什麼這口味令人愛不釋手？

「奶油醬油口味」就是稍微加熱讓奶油溶化，透過梅納反應做出香氣，然後加入醬油再次強調出梅納反應的香氣、鹹味和鮮味。調味料本來就是以促進攝取營養成分為目的，為了強調味道而使用的東西（參照第194頁）。這些出自於本能喜愛的味道，也因此在漫長的歷史中被保留下來。

我們可以認定鹹味、甜味、鮮味就是人們與生俱來（天生的）喜愛的味道本質。梅納反應則是糖和胺基酸的加熱反應，由於全球的各式料理都喜歡運用這種反應，它也就成為人們從小就習以為常的風味。另有報告指出人們會對油脂產生「上癮」的現象。所謂上癮，也可以說是「成為癖好」，具有「想吃更多」和「還想再吃」這兩種要素。味道、香氣，消化之後轉化為營養成分，這些全部融合之後，透過記憶中的食物產生了這樣的感覺。

即使不是調味料，巧克力卻也含有大量油脂、梅納反應物質和糖分，充分具備了讓人上癮的要素，實際上也有研究報告指出，確實有可能發生「巧克力成癮」（Chocolate craving）的現象[9]。

奶油醬油口味含有奶油的油脂，醬油的鹹味和鮮味，以及奶油和醬油透過加熱產生梅納反應的香氣等廣泛受人喜愛的豐富要素，相信很多人都會因此上癮！考量這些要素，除了奶油醬油口味之外，像是拉麵的湯汁、使用麻油、醬油和水果的燒肉醬料等口味，都是被設計出讓人吃了還想再吃的調味料組合。

Column 2

感知味道和香味的構造——味覺接收體和嗅覺接收體

味覺資訊與嗅覺資訊的傳導方式

杏仁核
決定喜好與否
［判斷喜歡／討厭］

紋狀皮層
識別味道

紋外皮層
認知味道

嗅球

嗅上皮

嗅神經

鼻腔

氣味物質

軟顎

食品

蕈狀乳突

舌頭

延腦的孤束核

葉狀乳突

輪狀乳突

［味蕾］

［味覺］

・味覺受器分布於舌頭表面的三種乳突、軟顎和味蕾上。
・味道物質與味覺受器結合後，會產生電流訊號，透過味覺神經將訊息傳導至腦部。

［味覺受器的種類］

・鹹味…2種
・甜味…1種
・苦味…25種
・酸味…2種
・鮮味…3種

［嗅覺］

・嗅覺受器分布於鼻腔的上部（嗅上皮）。
・氣味物質與嗅覺受器結合後，會產生電流訊號，透過嗅覺神經，經過嗅球傳導至腦部。
・不只從鼻腔前面，從鼻腔後面也可以傳遞氣味物質。

［嗅覺受器的種類］ 400種

・氣味物質有數10萬種。
・人類可以認知的有1萬種。

感覺味道的構造

味道成分溶解在唾液中，與主要分布在舌頭表面的「味蕾」器官裡的味細胞表面的「味覺受器」結合。舌頭上有稱為乳突的很多小突起，味蕾集中分布在舌頭前端大量存在的蕈狀乳突、位於舌頭後段兩側的葉狀乳突，以及舌根附近的輪狀乳突上，其他像是喉嚨或是上顎柔軟處（軟顎）也有分布。

過去稱作味覺地圖，依據舌頭的部位去感覺不同味道的說法是錯誤的。人類的確具有某種程度上的感受性差異；舌頭前方和上顎可以感覺到甜味和鹹味，舌頭兩側感覺到酸味，舌根附近則是感覺到苦味和鮮味。

雖然我們尚未全盤掌握味道的所有感知結構，但是鹹味和酸味的鈉離子和氫離子會分別傳入受器中（配體門控離子通道）讓味細胞產生反應。另一方面，甜味、鮮味、苦味等味道物質則分別與受器（G蛋白偶聯受體）結合，讓味細胞產生反應。味細胞產生反應之後，這些資訊會透過味覺神經傳導至腦部。人類感覺味道的構造，基本上就是個別味道物質透過特定的味覺受器來感知。換句話說，對於五種基本味道，原則上都分別有特定的受器給予對應。

感覺氣味的構造

那麼氣味的部分又是如何運作呢？我們的「嗅覺受器」分布在鼻子裡面鼻腔這個寬廣的空間；氣味物質的數量高達數十萬種，據說人類可以感覺到的只有其中一萬種左右而已，而嗅覺受器只有四百種左右。換句話說，嗅覺與嚴密對應固定味道物質的味覺不同，是很寬鬆的認知形式。一個嗅覺受器會和各種不同的氣味物質結合。透過這種方式，即使只有四百種左右的嗅覺受器，還是可以辨識很多不同的氣味。

順帶一提，個別嗅覺受器的數量會因人而異。這一點目前還沒有更進一步的研究，所以細節還不是很清楚，但可以想見，每個人有不同的氣味感覺方式，就是這個原因。

同時感覺到多種氣味時的受器形式

當嗅覺受器有9種的情況時

與氣味A結合的受器形式　　與氣味B結合的受器形式　　與氣味A和氣味B結合的受器形式

我們首先會透過所謂的「聞」這個動作，判斷從鼻孔進入的氣味。香氣成分如果沒有揮發出來的話，鼻子就無法感覺得到。這時的氣味稱為「鼻前嗅覺」。

接著將食物送入口中咀嚼後，食物遭到破壞，香氣成分在口中揮發。當新鮮香草等香氣成分在細胞中以精油形式存在時，要透過牙齒咀嚼、磨碎後才會揮發。這時的香氣成分會先進入肺部，從鼻子吐氣的時候才會與鼻腔的嗅覺受器結合；這個稱為「鼻後嗅覺」。如今，我們已經知道鼻後嗅覺對於食物的美味度，扮演著非常重要的角色。

更進一步還有「風味」這樣的表現方式，可以將它想成是認知到味覺資訊和嗅覺資訊（鼻後嗅覺）的組合。就像這樣，大腦會將味覺資訊和嗅覺資訊聯合起來進行認知，所以人們很難只感受到味道，或是鼻後嗅覺而已，比方說只有味道的話，你就必須配合捏著鼻子來品嘗才行。透過食品中含有的味覺資訊和嗅覺資訊的加乘，我們展開了多樣風味的世界。

Q 009

何謂辣味？

辣味不是一種味道嗎？喜愛辛辣料理的國家和地區，存在什麼共通條件？

辣味的接收機制，和甜味、鮮味、苦味、鹹味、酸味等五種基本味道完全不同。以最具代表性的辣椒為例，辣椒素這種辣味物質，會與舌頭和口腔內的辣味受體結合，導致受體被活性化並將這項訊息傳遞至腦部。辣椒素的受體直到一九九七年才被發現，但後來還得知這個辣味受體不只對辣椒素有反應，也會受到43℃以上的溫度刺激，或是被酸性物質激發[10]。又燙又辣的料理感覺比單純的辛辣食品更辣，就是因為這個受體同時受到辣味和高溫刺激導致更加活性化的緣故。此外，這個辣味受體也會受到生薑和黑胡椒、丁香等辣味成分刺激而變得活躍。

近年來的研究指出，辣椒素可以促進能量代謝，同時也因為會讓身體流汗的關係，整體來說，有能讓體溫下降的作用。

辛辣料理具有降低身體熱能的功效，在氣候溫暖的地區應該很受喜愛並被大量食用吧？但是某項研究卻呈現出不同的結果[11]。原產於美洲大陸的辣椒傳播到世界各地，但卻也有氣候很熱卻不吃辣椒的地區，顯然我們沒辦法用這麼單純的方式來解讀它。相較之下，在普遍食用辣椒的中國四川省和印度等地，因為一直以來已經有分別食用花椒和胡椒的習慣，所以本身就具備了接受從外國傳來的辣椒的基礎。的確，儘管辣味的本質不同，但在這些本就能理解如何處理辣味的地區，使用後來傳入的辣椒自然駕輕就熟。然而，為什麼這些地區一直以來都使用花椒和胡椒呢？中國四川省是盆地地形，以中醫的角度來看，因為「濕氣」會累積在身體裡面，所以要透過食用辣椒，將體內濕氣排出。

Q 010

什麼是浮沫？

煮肉時產生的浮沫，和茄子等蔬菜會有的浮沫是一樣的東西嗎？浮沫算是不好的東西嗎？

我曾經和多位專業廚師們一起吃火鍋，大家都很徹底地撈除浮在湯面上的浮沫，讓鍋中隨時保持乾淨的狀態。對專業廚師來說，他們已經養成撈除浮沫的習慣，甚至算是在無意識狀態下進行的動作！那麼，浮沫到底是什麼呢？真的是非常不好的東西嗎？

比方說，雞肉烤好直接吃的話並不會感覺到浮沫。假設有大量浮沫留在肉裡面的話，烤雞就會充滿浮沫的味道而變得不好吃了。茄子的浮沫很多，所以切開之後必須泡在水裡面去除浮沫。那麼，為什麼整個下去烤的烤茄子不會感覺到有浮沫的味道呢？

其實浮沫有幾種不同的種類，大致上可以分成動物性浮沫和植物性浮沫。讓我們試著統整一下有哪些東西。

動物性的浮沫

動物性浮沫是指，動物的肌肉和骨頭在以水加熱之際，溶出的蛋白質被脂質包圍之後，浮上來的東西。相信大家已從過往經驗得知，加熱溫度較低，或是烹煮時沒有產生對流的時候比較不容易產生浮沫。因為這類蛋白質裡面含有血液中富含鐵質的血紅素，以及肌肉中的肌紅素，所以加熱之後會逐漸從茶色轉變為灰色。

牲畜等肉類高湯散發出的美味，就是來自梅納反應的焦香味和脂質氧化物的味道。然而，浮到表面的脂質會持續氧化，久了便會散發出類似血腥的味道。這是因為血紅素和肌紅素中含有的鐵離子在強大的氧化力作用下，讓脂質氧化過度進行，反而產生「臭味」。若不撈除浮沫，據說只要同時放入香料植物和洋蔥一同加熱就不容易感覺到臭味，這就是透過香料植物和洋蔥的香氣遮蔽臭味的效果。

換句話說，我們可以把動物性的浮沫想成是在水中加熱後，從肌肉和血液滲透出含有鐵離子的蛋白質，被脂質包覆之後，透過烹煮的對流浮上來，在水面形成脂質過度氧化後的複合體。

植物性的浮沫

植物性浮沫則是，植物含有的多酚和鈣質、鎂等苦味和澀味的成分。由於這些原本都是植物用來保護自身的成分，如外皮等暴露在外面的部位，含量就會比較高。

植物的浮沫以水溶性物質居多，它的細胞壁一旦遭到破壞，光是碰觸到水就會溶出。菠菜含有的草酸具有苦味和澀味，稍微汆燙一下然後泡在冷水中，某種程度上就能去除這些味道。但因為它的味道成分也是水溶性的，所以若為了去除苦味而過度汆燙，那麼其他流入水中的美味成分也會流失，必須要多加注意。

茄子白色的部位也含有多酚，切斷面與空氣接觸後，就會透過氧化酶這種酵素產生名為酵素性褐變的反應，進而變成咖啡色。但若泡在水中，換句話說若沒有讓它接觸到空氣，就不會發生酵素性褐變而變黑。因此，切開的茄子泡在水裡並不是為了讓浮沫的成分溶到水中，只不過是為了不要讓切面碰觸到空氣而已。但若是烤茄子這樣整個加熱的話，因為酵素沒有作用，所以不會變色。

紅豆的浮沫成分是單寧和皂素。燉煮紅豆時會透過換水動作來去除單寧和皂素，紅豆的色素中，紅色系的花色素苷是水溶性的，也會在換水的同時溶到水中。不過，紫色系的色素已於二〇一八年證實是兒茶素的一種，由於是脂溶性的[12]，所以不會溶到水中。但在搗碎紅豆做成內餡使用時，皮裡面含有的兒茶素就會溶出成為內餡的脂質，轉變成常見的內餡顏色。

Column 3

與「想吃」有關，味覺以外的感覺發揮的作用

味覺如同前面（參考第18頁）的敘述，相當重要，但每次吃東西的時候若只仰賴味覺，腦部會負擔過重、很辛苦。於是在啟動味覺之前，大腦會先充分運用其他四種感覺，判斷這個東西是不是好吃，以及是否該吃。

想要吃的東西放在眼前，人們首先會透過味覺以外的感覺獲取資訊，在大腦中與記憶對照之後進行判斷。這項訊息會更進一步傳遞，在稱為大腦犒賞系統的資訊處理部位，藉由多巴胺神經元這個以「多巴胺」當作傳遞物質的神經元會活性化，進而讓食欲達到最高潮。接著實際上食用之後，多巴胺神經元會冷靜下來，好吃的話就會分泌腦內啡，產生幸福的感覺，也就是「很好吃很幸福」的狀態。

在吃之前，首先接收最多資訊的就是視覺。人類光是靠視覺就能進行很多判斷，但這有時候會變成先入為主的觀念，也有可能造成誤判。就連專業侍酒師，有時也會使用紅葡萄酒的評價用語來形容添加紅色素的白葡萄酒。但是，將視覺作為事前的判斷資訊，再透過自身的溝通系統共享，也才讓人類能更有效率地選擇食物。

接著是觸覺。將食物送入口中之前，抓起食物或將它切成小塊，這時候也會藉由手的觸覺判斷軟硬度。透過這些訊息，使用牙齒咀嚼時的力道也受到嚴密控制；如果判斷錯誤就會讓牙齒疼痛。相信很多朋友都有體驗過不小心咬到硬的東西時，那痛苦的

經驗吧！

再來是嗅覺。感覺食物的氣味可分成兩個階段（參考第32頁），首先會聞一聞讓鼻孔吸入氣味（鼻前嗅覺），在食用前先判斷這是怎麼樣的東西。

至於聽覺，雖然不是直接的影響，但是聽到烹飪時發出的聲音也會產生「好像很好吃」的感覺，進而增進食慾。

像這樣，「吃東西」這件事雖是維持生命的必須行為，但若能充分活用五感進行判斷，吃東西也就成了一種享受了。

Q 011

視覺訊息和味道

在黑暗中吃東西，味覺的感知方式會改變嗎？

當食物放在面前的時候，視覺是第一個運作的主觀感覺。人類會透過視覺，並從過往的經驗和記憶中，擷取關於眼前這個食物的眾多資訊後進行預測，便能夠安心的食用它。

使用各種飲料（包括蘋果汁、葡萄汁、針葉櫻桃等各類果汁、蔬菜汁、奶茶、運動飲料、咖啡、抹茶牛奶等13種飲品）進行的實驗顯示，即使是在黑暗中（色彩明度相當微弱的程度）飲用，喝下葡萄汁、柳橙汁、葡萄柚汁、奶茶、可爾必思、運動飲料、咖啡的回答正確率仍高達75%以上。當然，這些都是大家比較熟悉的，也是很多人可以馬上分辨出的味道特徵。但是西印度櫻桃汁和抹茶牛奶的回答正確率卻只有不到25%，相當低。可以看出，是因為大家對它們比較不熟悉的緣故。而針對美味程度的部分，如果食用前添加了視覺訊息（在明亮處飲用），有9種飲料比在黑暗中飲用時感覺更好喝，尤其是西印度櫻桃汁和抹茶牛奶等，反而變得特別美味[13]。這是因為在飲用前獲取到資訊，對內容物產生信心，味道因此感覺更鮮明，也更好喝的緣故。由此可知，品嘗味道這件事，真的受到視覺訊息等事前資訊的影響相當大。

此外，我們也知道顏色對於味道的感知方式會產生影響。顏色和味道的組合可以讓味覺更加敏銳（濃度很低也感覺得到），像是黃色對應甜味和酸味，紅色對應酸味和苦味，而綠色則對應到酸味[14]。在針對甜味所做的實驗中，提升彩度（色彩鮮豔度）可以讓味道的感覺變濃。依據這些結果，我們可以歸納出，即使砂糖用量減少，當我們想要製作感覺很甜的點心時，只要使用鮮豔的黃色呈現，就更容易讓人感受到甜味[15]。

氣味和味道

為什麼鼻塞的時候，吃東西幾乎沒有味道呢？

人類的鼻子除了確認來自前方的氣味之外，由於吞嚥食物之後會從鼻腔排出空氣，所以也可以感覺到來自鼻子後方的氣味。來自鼻子前方的氣味稱為鼻前嗅覺（orthonasal），來自鼻子後方的氣味則是鼻後嗅覺（retronasal）。鼻後嗅覺因為是咀嚼後從喉嚨傳上來的氣味，所以基本上會跟透過舌頭感覺到的味道，同時感受到氣味。

人的大腦很難將後鼻腔的氣味和味道訊息分開來處理，於是把它們合併成「風味」來感覺，並將這些複合的感覺以「味道」來加以解釋。當我們感冒而讓鼻子塞住的時候，因為從後鼻腔傳上來的氣流消失了，導致氣味物質無法與嗅覺受體結合，只能單純靠舌頭提供訊息，才會感覺「沒有味道」，這也可以看出鼻後嗅覺就是如此重要。

嚴格來說，如果我們集中精神品嘗的話，即使鼻子塞住，應該還是可以靠舌頭提供的訊息感覺到味道才對。我們可以將鼻子捏住體驗看看：請將鼻子捏住之後吃東西，試著透過舌頭認真的品嘗。之後不要捏住鼻子，試著從鼻子吐氣看看，你應該會對豐富的香氣和味道的組合感到驚訝！侍酒師在品嘗葡萄酒的時候，會在口中將葡萄酒與空氣混合之後，再從鼻腔吐氣確認香氣，此舉也正印證了鼻後嗅覺的重要性。

Q
013

口感和味道

大家都喜歡口感Q彈又有嚼勁的食物，口感和味道之間，存在什麼樣的關係？

口感指的是當食物進入口腔時，口腔受到物理性刺激之後，透過觸覺感受到的感覺。這裡提到的觸覺是指存在於口腔中的皮膚、舌頭、牙齒（牙周膜）上的壓力受器（感應器）變形後承受壓力的感覺[16]。口腔中的感應器扮演的角色是獲取訊息，作為食物消化之後能否轉化成營養的判斷材料。消化是將食物進行物理性破壞，讓它成為可以透過酵素分解的大小。分子變小之後才能夠被小腸等器官吸收，所以在口中咀嚼可以說是第一個步驟。透過咀嚼的過程讓食物變小，口感也會不斷改變[17]。

日本人是擁有最多用來呈現口感（質地）詞彙的民族。針對質地的表現用語數量，進行調查的結果顯示，日文有四百四十五個相關詞彙。（參考第44頁）相較之下中文只有一百四十四個詞彙，芬蘭語中更僅有七十一個詞彙，法文則是有二百二十四個詞彙[18]。日本人透過如此多樣性的口感表現詞彙，在區別其中的差異性裡也獲得了樂趣，並進而創造出更多不同口感的食品。

觸覺和味覺的受器不同，將訊息傳遞至大腦的神經也不同，所以兩者沒有直接的關係。但一般而言，吃到比較硬的食物時，味道物質的發散速度比較慢，所以感覺味道的速度也會跟著變慢，軟的食物則相反。

Q 014

不一致就是美味

外層酥脆、內層鬆軟的食品讓人無法抵抗，為什麼我們會被這樣的食品吸引？

口中食物的口感會發生變化，或許就像品嘗了多樣食材那樣的感覺。這類感受到多樣化感覺的狀況被稱為豐富感。日本食品業界則是將豐富感稱為「不均一感」，口感不一致常常是用來形容口感的表現方式。

人類必須攝取各式各樣的營養素，多樣化的營養素意味著自然界中有多樣化的食材。或許人類是出於本能，想要吃各種不同的食材，才逐漸演變成覺得食物很好吃吧！

大自然本身就不是一致的。日本食品製造商透過工業方式製作食品時，大部分都做成品質均一的產品，如何才能做出不一致的產品，這是所有食品製造商都列入技術開發的一項課題。製作料理的時候，將不一致的自然食材削皮或是進行汆燙等前處理的同時，某種程度上也是讓它們變成均一的狀態。而將這些食材烹煮成為料理時，為了賦予它們口感上的變化，刻意加入脆脆的東西讓它變得不一致，這樣就可以呈現出豐富感了。

All we need is
營養素！
酥脆
カリ
鬆軟

Q 015

溫度和美味度

大家常說熱食必須要趁熱吃，就食物或料理而言，有所謂的最美味溫度嗎？

日本料理為了在提供餐點時讓熱的食物更熱，冰的食物更冰，非常重視溫度的管控。如果是椀物料理（湯品）的話，會先盛裝熱水加溫器皿，於裝入清湯（吸物）後立刻提供給顧客。冰的生魚片則是為了要在冰冷的狀態下提供，而會在盤子上先鋪一層冰塊。

由於椀物料理很重視高湯的香氣，為了讓顧客充分感受到這股香氣，必須將餐點溫度提高。溫度降低的話香氣就會難以揮發；生魚片則有可能是因為溫度上升會使魚肉脂質氧化而有發臭的感覺。這些都是溫度導致美味度大大改變的情形。

法式料理也同樣會將盛裝熱食的盤子事先加熱之後再擺盤，維持送到顧客餐桌上為止的這段時間都不會涼掉，而盛裝冰冷食物的餐具大多會事先降溫之後再使用。前菜等也有以明膠方式凝固後製作的料理，必須讓它們不要融化才行。法式料理令人玩味的地方，就是會刻意用微熱的溫度出菜，「微溫」在法文中稱為tiède，這些菜多以鮭魚和干貝等海鮮類料理居多，以tiède方式出菜的海鮮類因為油脂溶解的關係，口感也會變得和冷掉的時候不同。甜味、鹹味、酸味、苦味在22℃～32℃之間的感覺很強烈，似乎也有這方面的考量。

近年來也常常可以看到使用液態氮急速冰鎮的料理。在這種狀態下，直到食物溫度在口中上升為止，應該都感覺不到味道吧！味道物質和味覺受器得在結合之後才會在味覺細胞之間傳遞訊息，雖然資訊會傳送到味覺神經，但因為資訊傳遞必須透過酵素反應，所以溫度太低就很難產生作用。

Q 016

影響飛機餐味道的因素

有時候會覺得飛機餐不太好吃，為什麼會這樣呢？

之所以會感覺飛機餐不好吃，是因為隨著飛機逐漸攀升高度來到高空時，味覺和嗅覺會產生變化，在氣壓維持固定的機艙內，人們會變得很難感覺到鹹味和甜味。這和「氣壓降低」、「濕度降低」和「噪音」有關。研究報告指出，隨著飛機拉升高度後氣壓下降，機艙內的濕度也跟著下降，導致在高空中感知甜味和鹹味的能力，比在地面時降低了30％[19]。再加上在乾燥的機艙內因為感知氣味的鼻腔黏膜無法有效發揮作用，所以會很難感覺到氣味。但此時的鮮味、酸味、苦味、辣味幾乎不會因為氣壓和濕度降低而受到影響。此外，噪音也會導致鹹味和甜味的感受減弱。

基於這些理由，在地面時感受到的味道和風味平衡，到了高空都會失衡，所以航空公司會在飛機餐裡添加比較多的鹽和香料，使用大量含有不受氣壓變化影響的鮮味食材，並且妥善運用調味料等方式，設法讓料理感覺更加美味。

噪音導致鹹味和甜味的感知變化

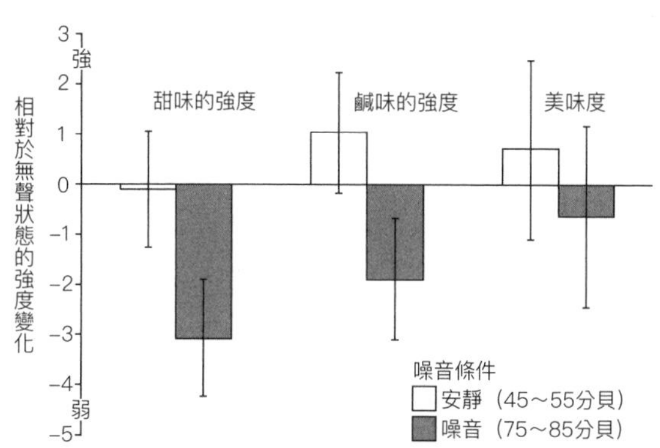

變更噪音條件時，針對洋芋片、起司、餅乾、燕麥甜餅（穀物棒）的感官評價平均值

出處：Spence, C., Michel, C. & Smith, B. Airplane noise and the taste of umami. Flavour 3, 2 (2014). 日語翻譯版

Q
017

咀嚼聲和味道

光是聽到剛炸好的可樂餅那種酥脆聲，就覺得很好吃！吃的聲音和味道有關嗎？

聲音，換句話說就是聽覺，而它是否對味覺的感覺方式造成影響，這一點已經有研究指出飛機的噪音會讓鹹味和甜味的感覺減弱（參考第43頁），除此之外，其他相關研究並不多。但是有很多研究報告顯示聲音確實對「美味度」造成影響。尤其是食品的「美味度」構成要素中，口感（texture）是相當重要的，口感和咀嚼聲有著密不可分的關係。咀嚼聲是咀嚼食物的時候發出的物理性破壞聲，透過骨頭傳導之後產生的感覺。

針對用來形容口感的日語詞彙進行的研究顯示，日文中總共有四百四十五個形容口感的詞彙，其中大約70％是擬聲語和擬態語[20]。在問句中提到的「酥脆」，日文使用的是サクサク（SAKUSAKU）這個擬聲詞彙，我們先撇除實際上是否真的發出這樣的聲音不談，它現在已經被定調為呈現口感的方式了。調查日本不同時代的詞彙變化，比較一九六四年和二〇〇三年的狀況，可以發現有的詞彙一直在使用，有的則不再使用，而サクサク一直使用到現在[18]。另外也有研究顯示，可樂餅的口感中感覺到的サクサク感，和破碎聲的大小有關[21]。

近年，也有讓受試者聽取強調咀嚼聲的聲音之後產生口感錯覺的測試。吃洋芋片的時候，如果讓受試者聽了透過濾波器處理後的咀嚼聲，可以感受到剛炸好的サクサク酥脆感，但是吃蘇打餅乾的時候聽了這個聲音，卻會感覺餅乾變得很厚[22]。

聲音和口感的關聯性很強，刻意進行操控的話，我們或許可以針對口感的感覺方式，進行新型態的食品開發設計。

日文口感用語的出現順位比較

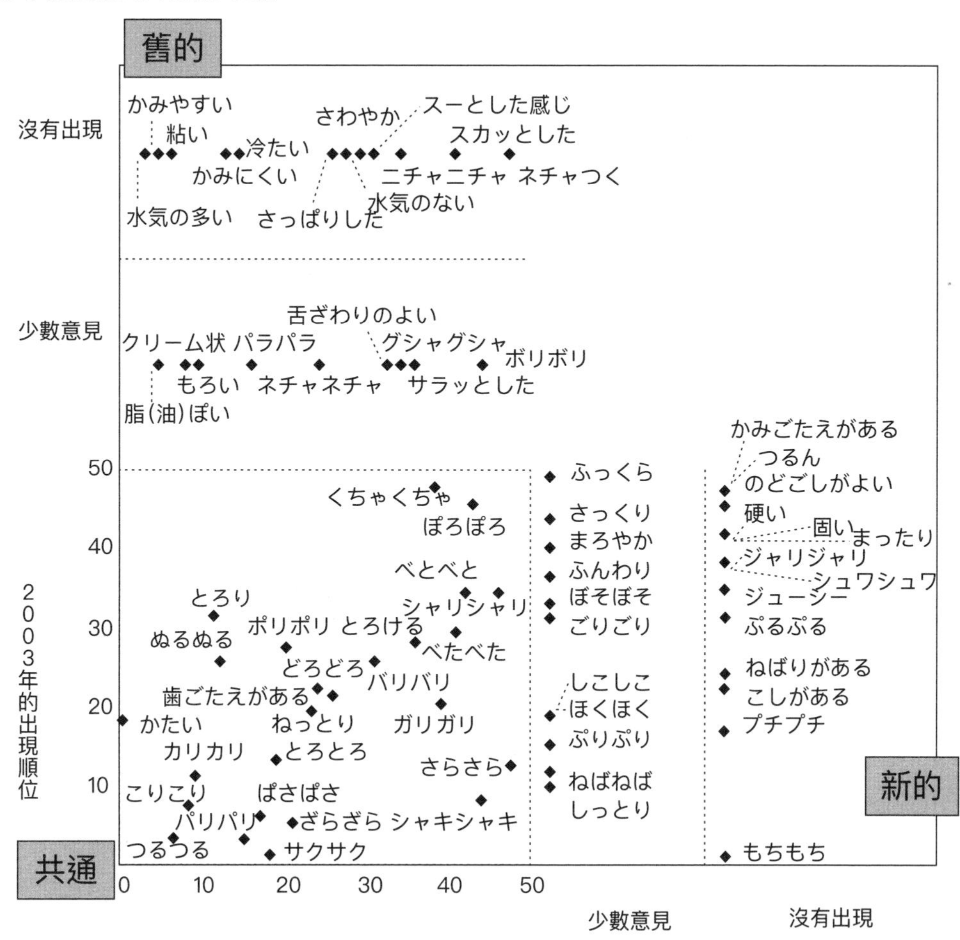

出處：早川文代、(2013)、日本語テクスチャー用語の体系化と官能評価への利用。日本食品科学工学会誌、60(7)、311–322

Q
018

香草冰淇淋裡面的香草，扮演著什麼樣的角色？

透過香氣來增強味覺

香草原本是用來增添巧克力的香氣，到了現代則運用在全世界的各種零食當中。香草的香氣成分來自名為香草精的物質，其實香草精本身是苦的，但是用來當作香料使用的濃度卻感覺不出苦味，還能讓香氣的本質感覺甜甜的。「甜」的本來是一種味道的表現，用在香氣表現時，基本上都是用來比喻居多。

這是香草莢，製作香草冰淇淋的時候，會將香草莢撕開後取出裡面的種子，然後使用整個香草莢製作英式蛋奶醬

香草的香氣也可以讓甜味的感覺增強[23]，這稱為「氣味引起的味覺增強」（odor-induced taste enhancement）。而用來增強甜味的香料，除了香草之外還有牛奶和草莓等，而柳橙和薄荷反而會減弱甜味。順帶一提，據說醬油和柴魚片的氣味，則可以讓鹹味和鮮味的感覺更加強烈[24]。但這些都是針對日本人的研究結果，不同飲食文化的人可能會有不一樣的結果。因為這些研究都可以歸納為那個飲食文化中可以攝取到的食品味道和香氣，是透過共同學習之後引發的現象。實際上在越南，也有研究結果顯示他們會將香草的香氣與鹹味結合，或是將檸檬與甜味結合。

Q
019

香氣的呈現

我們會說「甜甜的香氣」和「酸酸的味道」等，但香氣本身嚐得出來嗎？

香氣的呈現和味覺呈現相比，要來得困難許多[25]。關於味覺的呈現，針對甜味、鮮味、鹹味、酸味、苦味等基本味道都有獨自的定義。相較之下，香氣並沒有這種基本氣味的明確定義。目前為止，人們雖然曾經嘗試加以定義，但每次都以失敗收場。這是因為，相較於味覺的接收構造是受器和味道成分呈現一比一的對應關係，而嗅覺則與圖形識別這件事也有關。因此，雖然香氣很難有系統的進行分類，但是嗅覺的表現卻可以直接以「西洋梨的香氣」這類直接比喻的方式，或是「清爽的香氣」等方式來說明。即使是比喻，使用嗅覺以外的感覺來形容，便稱為共感（聯想）的比喻方式[26]。「甜甜的香氣」就是這種表現方式。依循著這樣的思考模式，飲料和食品在開發階段都會製作風味輪並加以活用。比方說清酒的風味輪就像左方圖示一樣，標示出味道和香氣的表現用語，使用包括「花香」、「焦味」這種比喻方式，以及「甜味」這類共感（聯想）的比喻[27]。

清酒的風味輪

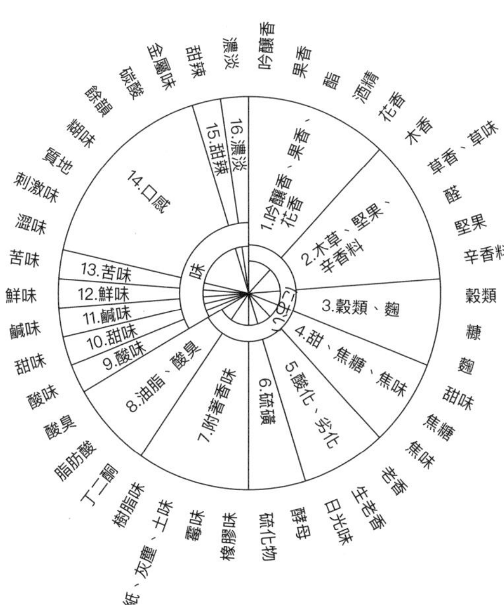

出處：宇都宮仁、フレーバーホイール、化学と生物、2012、50巻、12号、 p. 897–903

Q
020

氣溫與濕度和味道的關係

專業廚師說，得隨著氣溫與濕度改變食物的調味，味道的感覺方式會改變嗎？

日本料理中，「割烹」是屬於由專業廚師站在顧客面前烹調的商業型態，必須提供與日式料亭不同的服務內容。為了讓眼前的顧客說出「好吃」這個評語，提供以客為尊的服務，可說是專業廚師很重要的一項資質。若當天的氣溫、濕度導致味道和香氣的感受方式改變的話，專業廚師就得配合著調整菜餚的調味，才能達到追求的美味度！炎炎夏日，如果顧客從外面踏進店內時說想要喝點什麼，一般都會認為該送上冰涼的飲料；針對料理，也是同樣的道理。

氣溫和濕度除了影響心情之外，也會對味道的感受方式造成影響。某個針對鹹味的研究顯示，當氣溫下降時，對鹹味的適口性就會提升[28]。另一方面，體內的鹽分不足是受到身體嚴密管控的，這就是所謂的「維持體內平衡」。當流汗導致鹽分流失時，我們就會想要攝取鹽分，因此在容易流汗的炎熱地區，普遍有喜好重鹹口味的傾向。

至於濕度的部分，與其說是濕度本身造成的影響，應該說：濕度過高會讓人產生氣溫升高的感覺，比氣溫造成的影響和感受還更加強烈。

Q 021

預測之後再品嘗

以為是冰咖啡，喝了之後才發現原來是麥茶！進入口中的瞬間不知道是什麼東西嗎？

我們在進食的時候會活用五感，尤其是在吃之前，會先運用視覺和嗅覺，在無意識的情況下判斷這個食物「是不是安全的？」以及「是不是有營養的？」如果曾經吃過而且沒有吃壞肚子的話，就會依據視覺等資訊做出「這個東西可以吃」的判斷，然後將它送入口中。這時做出的判斷充其量只是假設性的，得實際吃進嘴裡才知道答案。即使是送入口中的當下，我們也會在瞬間進行判斷，將當時的味道和風味、口感等輸入記憶中，等消化之後再和是否有吃壞肚子，以及是否變成養分等資訊相互連結，然後留存在記憶中。換句話說，攝取食物的時候，我們會事先針對這是什麼東西進行相當正確的預測，於實際上送入口中的時候再核對答案，如果正確就吞下去，以這樣的邏輯運作。

在心理學研究中，如果將紅色的色素加入白葡萄酒裡面，即使是侍酒師，也會使用描述紅葡萄酒的詞彙來形容這個白葡萄酒。這個結果顯示，我們確實是進行視覺預測之後再品嘗。

放入平常用來盛裝冰咖啡的容器，讓它的外觀看起來像是冰咖啡，然後放到冰箱中平常用來存放冰咖啡的位置的話，就會認定那個是「冰咖啡」，然後預測它的味道與香氣。如果裡頭裝的是麥茶，因為喝起來沒有預料中的苦味和咖啡風味，大腦就必須從實際的味道和風味來思考「這真的可以喝嗎？」「如果不是冰咖啡的話到底是什麼？」像這樣回溯到預測前的狀態重新思考，大量運用大腦的認知能力。

品嘗味道的祕訣

燉煮過程中試味道剛好，但是盛盤品嘗的時候味道卻不同，是為什麼呢？

燉煮的料理在加熱過程中會產生各式各樣的化學反應，口味也會跟著不斷地改變。所以假設烹調過程中試味道的目的性不夠明確的話，也有可能導致最終味道、風味濃度的判斷出現錯誤，務必要多加注意。

首先，料理的味道會因為燉煮時間越久，而讓味道物質的濃度升高，同時不但會覺得料理更加濃郁，也會因為少數香氣成分在過程中蒸發掉，導致感受方式出現變化。就化學反應而言，發生梅納反應後產生了濃郁的香氣，同時也因為梅納反應的香氣增強對鮮味和濃醇味的感受，所以燉煮時間越久，越能夠產生濃厚的風味[29][30]。

此外，同樣的味道品嘗很多次之後，會發生味道減弱的「味覺適應」這個心理現象[31]，所以才有反覆品嘗之後味道逐步減弱的感覺。因此裝盤之後再重新品嘗味道時，味道很有可能已經太重了。還有，如果品嘗味道時的分量跟實際品嘗這道料理時相比，少太多的話，品嘗最終料理時的濃度就會感覺比較淡。

因為牽涉到上述各種不同的因素，所以試味道的時候得盡可能將次數減少，或是增加放入口中品嘗的分量，以及在試味道之前先用水漱口來消除口中的味道等，努力讓自己每次都處在同樣狀態下，是追求美味料理必須要做的努力。

Q
023

混合抑制和味覺適應

為什麼將各種不同的調味料混在一起，會漸漸吃不出是什麼味道呢？

將很多種不同調味料混合在一起製作複合調味料的時候，一邊試味道一邊進行調整，這時會產生「不知道是什麼味道」的現象。我認為，這個狀態就表示：沒辦法用適當的（好吃的）配方，決定味道和風味的本質和強度之間的關係。

讓我們試著思考其中的原因。首先，將很多種味道成分混合之後品嘗，會發生感覺減弱的「混合抑制」現象。比方說將食鹽和醋混合在一起，鹹味和酸味的感覺都會變弱，就是這樣的現象。如果再多試幾次味道的話，舌頭因為持續受到同樣的刺激，會逐漸減弱對味道的感覺而產生「味覺適應」現象；嗅覺也同樣會產生適應的現象。這也是為什麼將調味料混合之後，就感覺不出是什麼味道的原因了。

為了避免發生這樣的現象，除了盡可能減少試味道的次數，每次試味道之前「重置」味覺和嗅覺是很重要的。用水來進行味覺的重置固然不錯，但若是含有油脂的醬汁之類的話，使用碳酸水比較容易洗去油脂。此外嚼食小黃瓜，在物理上也具有不錯的效果。

至於嗅覺的重置，據說聞自己身上的味道是很有效的，所以當你無法分辨香氣的時候，不妨試試看這個方法。

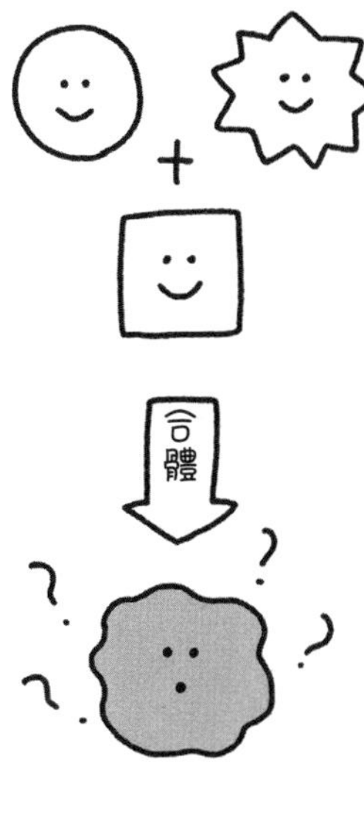

味道和香氣之間的交互作用

同時品嘗兩種不同味道時，或是同時聞到兩種香味的時候，會有什麼樣的感覺？

關於味覺，人類具有五種受體，味道和受體會以一比一的比例相互對應。比方說甜味物質會與甜味受體結合，酸味物質則與酸味受體結合。因此當我們同時品嘗到甜味物質和酸味物質的時候，個別資訊會傳達到大腦，在腦中分別認知甜味和酸味的感覺。至於味道的強弱，我們已知兩種味道之間會有增強或減弱的交互作用。就像料理中的糖醋口味一樣，醋的酸味會因為砂糖的甜味而稍微感覺不出來。

和A混合之後

B的感覺會減弱

關於嗅覺，人類雖然具有大約四百種之多的嗅覺受體，但是個別受體和香氣物質的組合方式卻沒有明確的規定。某種受體可以和很多種不同香氣物質結合，而大腦會依據那個受體的模式來認知味道。

香氣值得玩味的地方是，因為香氣物質和嗅覺受體的組合有很多種不同的模式，混合兩種以上香氣的時候，香氣的本質和強度會改變，進而產生交互作用。混合之後感覺味道變弱的現象被稱為「混合抑制」[32]，但關於這個混合抑制現象，就嗅覺而言，比香氣的閾值（感覺若有似無的濃度）更濃的時候會感覺很淡，比閾值更淡的時候感覺卻很強烈等，是極為複雜的現象[33]。正因為沒有明確的法則，所以實際去嘗試各種不同的組合是很重要的。

Q
025

孩子的飲食喜好

孩子不願意乖乖吃飯，該怎麼辦才好？

對於飲食經驗比較少的小孩子來說，最重要的就是「他們已經吃習慣的味道」。這類熟悉度比較高的料理，因為已經透過自己的身體證明「吃了不會有任何不舒服」等問題，所以大腦比較容易做出「可以吃沒關係」的判斷。此外，處於成長期的孩子體格不斷發育，活動身體和用腦思考等消耗能量的事情，占了每天活動量的絕大部分。這些活動必備的蛋白質信號的鮮味，以及能量信號的甜味，都是小孩子喜歡的味道，可以說是大腦所需的生存戰略，為的就是讓他們努力攝取這類營養素。但吃飯並非單純加強鮮味和甜味這麼簡單而已，成長期同時也是學習味道和風味不可或缺的時期。讓他們品嘗多樣食材這件事也很重要，因此使用最低限度的調味料，讓食材的固有風味以「美味的記憶」儲存在大腦的資料庫中非常關鍵。還有，不吃的理由或許單純只是「不方便食用」或是「太硬」等原因。因為孩子對酸味和苦味的閾值比大人低，討厭這類東西以生物本能來說是理所當然的，所以孩子如果被要求勉強食用的話，對這項飲食體驗本身的嫌惡感也會一同寫入記憶中。請用心觀察，讓孩子體驗各種多樣化食材吧！

Q 026

隨著年齡增長改變喜好

一般而言，年輕人偏好重口味，年長者則偏好清淡口味，為什麼會這樣呢？

這邊提到的重口味，指的是增加調味料的鹹味、甜味和鮮味等味道，也就是在食材中加入很多油，讓料理的顏色和味道變濃，使整體感覺很油膩的意思。但隨著年齡增長，可以很明確地感受到喜好改變。實際上就有一份研究報告顯示，針對女性的統計資料來看，喜好清淡口味的比例有隨著年齡增加而上升的趨勢，油膩食物的喜好度則是從六十歲開始變得特別低[34]。

針對這個「喜好」，我試著從味覺變化和年齡增長對消化吸收能力的影響進行探討。

首先，味覺的感知度隨著年齡不同產生變化，包括酸味、甜味、鹹味和苦味等，資料顯示從六十歲開始，閾值上升而且感知度下滑[35]。在舌頭深處名為輪狀乳突的部位，感知味道的味蕾數量雖然到七十歲為止，並沒有太大的落差，但是超過七十四歲之後就會急速銳減到只剩三分之一左右的程度。雖然說年長者喜好清淡口味，但因為味覺的感知程度鈍化，反而有大量添加調味料的傾向。

至於消化能力，所有消化酵素的分泌量都從六十歲開始降低，包括胃部的蛋白質分解酵素和十二指腸的脂肪分泌酵素也會從六十歲開始減少[36]。這項結果顯示，年長者對蛋白質和脂肪的消化能力低下。消化能力降低的話，餐後就會有胃下垂的現象，可能導致食慾不振，這與不喜歡含有某些成分的油膩肉類料理等喜好變化，是一致的。

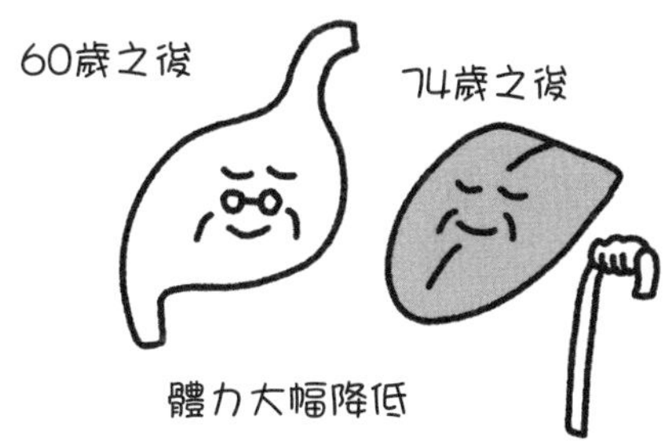

蛋白質分解酵素的分泌量隨著年齡變化

mg

0.08

0.06

0.04

0.02

10-20　21-40　41-60　61-80　81-86　歲

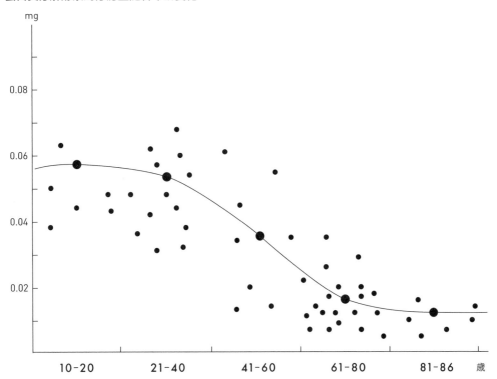

縱軸顯示，在試管內消化時，因胃蛋白酶的作用導致酪胺酸游離的量

出處：高橋徳江、鈴木和子、佐藤節夫、＆平井慶德。(1991)、高齢者医療における栄養・食事管理—低栄養の補正と過剰摂取の是正—、順天堂医学、37(1)、15–25

Q 027

為飲食喜好不同的人準備料理時，最重要的是什麼呢？

針對成年人「喜好」的應對方法

飲食喜好與各種因素息息相關，因為「成長環境不同」，每個人的喜好有所差異也是理所當然的。

儘管如此，這個喜好是針對鹹味等味道的濃淡，還是胡蘿蔔等風味本身，或是喜歡口感比較軟的食物等，可以從多個面向來考量。只要能夠鎖定主要的影響要素，再針對那個部分應對就可以了。關於味道的濃淡，清淡的食物對身體比較好，但要一個人喜歡上清淡的味道必須伴隨行為模式的改變（階段性食用減少味道濃度的料理），才是有效的方式。

至於風味的喜好，根據美國的研究指出，母親食用的蔬菜（例如紅蘿蔔和花椰菜等）風味會轉移到羊水和母乳中（因為只含有微量的蔬菜風味），所以孩子會學習並且喜歡上那個風味，進而產生偏愛。

儘管如此，對風味的偏好仍舊與味覺刺激的聯合學習有關，只要改變味覺刺激的印象，風味喜好也可以跟著改變。例如對方討厭紅蘿蔔，先試著使用某個人喜歡的調味料做調味，比起食材本身，讓他對「這道料理」產生好感，應該是比較好的方式。

Q 028

提升熟悉度得到的安心感

在餐廳用餐時，先聽過料理的說明之後再用餐，會有什麼樣的效果？

我們的大腦非常喜歡「核對答案」。身處在充滿危險性的大自然環境中，體驗事前已經知道的事情，確保可以安全的活下去，這項進化的結果讓我們可以從中得到安心感。即使沒有進行料理說明，當我們知道自己吃下肚的是什麼樣的東西時，因為

對這道料理掌握了充分的資訊，所以可以安心食用。但如果對某個人來說是全新的食物，充滿了新穎性，假設是在沒有任何資訊的狀態下食用，或許會產生「應該很好吃吧？」「這個本來就是可以吃的嗎？」這樣的疑問。而從做菜的這一方來看，特別是美食學方面的料理，「新穎性和熟悉度的平衡」則是重要的課題。熟悉度很高的時候，如果讓對方認為缺乏「特地花錢去吃」的價值的話，會很令人困擾，但是如果新穎性太高，對方有可能不願意吃。京都老字號料亭「菊乃井」的村田先生表示，他會「以透過熟悉的方式烹調新的食材」和「用熟悉的食材但使用稍微不同的烹調方式」來考量料理製作。從這裡，可以看出他企圖透過食材與烹調方式呈現「新穎性和熟悉度的平衡」對吧！

為什麼露營或是ＢＢＱ烤肉這類料理，感覺比平常的菜更好吃？

露營時的料理很好吃的原因

大家都說露營或是ＢＢＱ的燒烤等，在大自然環境中透過烈火或炭火烹調料理來食用，感覺每一樣都很好吃。的確，透過這些熱源烹調食物的話，食物表面會產生梅納反應，比平常還增添更多誘人香氣，即使只是很普通的料理也會覺得特別好吃。就算有些部位不小心燒焦了，由於多了焦香的氣味和酥脆的口感，即使口感混雜還有著不健康的擔心，卻也給人好吃的感覺。

但是燉煮料理的話，這種混雜口感就很難對風味產生影響。通常，透過親自做菜的過程，料理本身的價值就已經提升了，這是因為食物的美味與否和五感資訊息息相關，透過五感獲得的資訊，從中感覺到新穎性和熟悉感的平衡就顯得格外重要。比方說煮咖哩，在切菜和炒肉的過程中，無論是共同執行還是在旁邊看，感覺火候聲、炒菜聲與氣味，親眼看著燃燒的火焰，使用與在家用餐時不同的餐具進食的話，料理體驗的價值就會提升，期待感也會在食用的瞬間達到最高潮。即使是跟平常一樣熟悉度很高的料理，透過五感資訊提升它們的新穎性，感覺也會更好吃。

即使在餐廳吃飯，有意識地刺激五感，努力打造讓人感覺到宛如在大自然之中進食一般的氛圍，就可以當作是全新的體驗，提供給對方了。

Q 030

拉麵受歡迎的原因

為什麼拉麵如此受到全世界人們的喜愛？

拉麵的起源是源自中華料理中的「拉麵」，「拉」指的是拉長的動作，「麵」則是將麵粉揉成麵糰的意思。這項料理獨自在日本發揚光大，並且傳播到全世界。巴黎和紐約等國外的拉麵店也從一九七〇至八〇年代開始陸續出現，現在連中國也將「拉麵」定義為日式拉麵，與中國本土的手拉麵做區隔。前來日本的各國觀光客也會把拉麵視為是日本料理之一，將吃拉麵當成旅遊的其中一個項目。

值得玩味的是，拉麵不像漢堡和披薩那樣有很多大型的知名連鎖店，反而是以小規模的連鎖店和個人店家居多，我想針對這一點進行探討。首先，從料理者的角度來看，拉麵具有非常適合作為料理平台的優勢。所謂的平台，指的是共通的基礎，在這個根基之上可以進行各種客製化服務。如果將拉麵想成是平台的話，包括湯頭、麵條和配料等構成要素的規則，都很明確，很容易進行步驟分解，具有刺激廚師的創造性等技術性，可說是滿足了所有必要的條件。

從食用者的角度來看，以營養成分來說，麵條是碳水化合物，配料中含有蛋白質，湯頭的脂質、鮮味和鹹味很強烈等，讓人上癮的要素相當多。雖然現代人也必須考量營養過剩的問題，但是在發明拉麵的當時，這可說是非常棒的組合。我們可以發現，拉麵無論是製作端還是食用端，含有許多讓全世界人們喜愛的要素。

Q
031

為什麼印度和泰國咖哩適合用在來米，而日本料理還是適合用日本米？

配合當地的自然風情來進化

我認為，飲食文化是那片土地上的人們對於飲食喜好的總合，至於料理，可以說是當地自然環境配合人類的營養要求，所做出的變化。居住在地球上的人類，營養需求控制在某個範圍之內，可以吃的東西也在某個範圍之內。獅子喜歡的食物和人類喜歡的食物不同；獅子的齒形配合當地自然環境進化，可說是順應獵食喜好的結果。人類在一萬年前誕生於非洲，卻沒有配合營養需求進化，而是在陸地上進行大範圍移動。即使移居地擁有豐富的自然資源，還是會選擇可以做成料理的。換句話說，就是將可以吃的東西，變成可以吃進口中的食物大小和軟硬程度，並且透過加熱讓食物可以更好消化，藉此攝取必要營養。

直到不久之前，人類會配合大自然取得的食材，讓烹調技術不斷進化，以滿足本身的營養需求。這就是在不同地區有不同的料理，導致各地飲食文化大不相同的原因。

在種植在來米的地方，為了讓在來米煮熟糊化後得以大量食用，人們發展出各式各樣不同的料理；日本則是透過炊飯的方式讓蓬萊米糊化，逐步進化到可以大量食用的程度。所以重點不是哪一種米比較適合做哪種料理，而是料裡的發展是源自那片土地等自然環境中，容易培育出來的能量食材，將它加工以更好食用的緣故。哪一種比較適合只不過是結果論而已，如果日本的飲食文化中，存在著在來米這項食材及相關料理的話，那麼現在大家一定也會覺得在來米很適合做和食。

食材的風味、香氣

蔬菜、水果、穀類、植物性食品

海鮮類／肉類·蛋／其他

Q 032

當令蔬果

即使是同一種蔬菜，也會隨著季節改變而有不同味道嗎？

蔬菜不是工業產品，蔬菜是植物，會依據不同季節在體內蓄積養分。為了在寒冷的季節裡不要結凍，有的植物會增加植物體內的糖分，利用名為凝固點降低的現象（水會在0℃的時候結冰，因為糖的濃度比較高，導致凝固點降低，所以0℃時不會結冰），讓身為植物的自己可以在低溫下存活。對於人類來說，這時變得甜美的蔬菜就成為了「當令蔬果」，這個時期也被認定為「好吃的季節」。

當然蔬果如果甜味不夠的話，也可以使用味醂和砂糖等調味料補充甜味。但最重要的，其實是理解蔬菜本身有所謂的季節性，在不同季節享用當下最好吃的蔬菜。

Q
033

成為調味料的蔬菜

番茄被廣泛用在全世界的各種料理中，也有很多加工食品，它有什麼獨特之處呢？

說到番茄的加工產品，義大利料理的番茄醬汁相當有名，法式料理中也有將番茄燉煮至糊狀的番茄糊。然而其中最有名的莫過於番茄醬了，有一種說法是番茄醬源自中國的其中一種魚露：「鮭汁」（koe-tsiap／ke-jia-pu），當它傳到歐美各地時，便使用番茄取代魚而成為番茄醬[1][2]。

像這樣可以用來當作調味料使用的蔬菜並不多。調味料是讓其他食材變得更美味的東西，基本上會強調出鹹味、甜味、鮮味、酸味等味道。而番茄是所有蔬菜中麩胺酸含量最高的，所以才活用它作為增添鮮味的調味料原材料[3]。番茄在植物學上屬於果實，成熟之後麩胺酸的含量會變成十倍，每100g之中就含有超過100mg以上的麩胺酸。尤其是以番茄的果膠部位含量最高，足足比其他部位高出四倍之多[4]。

番茄果實中，依據成熟度的游離麩胺酸含量的變化

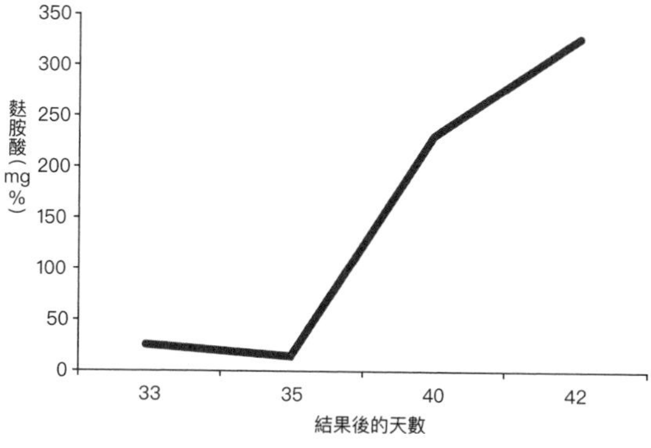

桃太郎品種的游離麩胺酸含量測定

出處：高田式久、トマトのアミノ酸について、日本家政学会誌、2012、63卷、11號。依據p. 745–749，由作者進行彙整

Q
034

運用冷凍濃縮技術

為什麼製作番茄透明原汁的時候，冷凍會比較好呢？

番茄透明原汁是將番茄汁過濾之後取得的透明果汁，番茄這種蔬菜富含大量鮮味，這樣做也是活用番茄的方式之一。在不妨礙番茄香氣和酸味的前提下，也有廚師會將它當成昆布高湯的替代品來使用。製作方式是使用食物調理機將番茄攪拌成泥狀，接著倒在廚房紙巾上進行過濾即可。但光是這樣做有時候味道會太淡，這時只要將番茄泥冷凍，讓它在結冰狀態下放在紙巾上，就可以取得味道濃郁、醇厚的番茄透明原汁；這是因為「冷凍濃縮」作用的關係。

水在0℃時結冰，如果溶入水中的物質很多，凍結溫度就會比0℃更低，稱為「凝固點降低」現象。當結冰的番茄泥溫度逐漸上升到-10℃左右時，濃醇的番茄果汁就會解凍並滴出汁來。隨著溫度上升，抽取到的果汁會越來越淡，所以在達到需要的濃度時立刻停止抽取會比較好；這樣的做法稱為「凍結抽取」或是「冷凍過濾」。順帶一提，這項技術本身也會運用在調味料和酒類的製造過程中。

Q
035

蔬菜的熟成

何謂「熟成馬鈴薯」？其他蔬菜也可以運用同樣的熟成方式嗎？

所謂的熟成，一般來說是食物透過本身的消化酵素，來分解蛋白質和澱粉的意思。熟成馬鈴薯就是利用「澱粉分解酵素」這種馬鈴薯本身具有的消化酵素作用，增加葡萄糖的含量。但是，馬鈴薯放在超過20℃的地方就會發芽，所以必須進行低溫保存才行。如果將馬鈴薯放置在2至5℃的環境中，這時它不會發芽，而是讓澱粉分解酵素開始緩慢地分解澱粉，進入葡萄糖增量的狀態[5]。所以熟成馬鈴薯的甜味很重，油炸過後會引發強烈的梅納反應，發出誘人的香氣。

其他蔬菜如果也同樣含有澱粉分解酵素的話，藉由熟成方式，確實有可能分解澱粉。在針對各種蔬菜的澱粉分解酵素的研究中顯示，山芋、蕪菁、白蘿蔔、胡蘿蔔、高麗菜、香菜、青蔥、萵苣、小黃瓜，依據這個順序顯示出了酵素的活性高低。[6]只要讓順位排在比較前面的蔬菜熟成，就有可能增加食材的甜味。

順帶一提，近年來也使用在法式料理中的黑蒜頭（熟成蒜頭）並不是透過酵素反應熟成，而是放置在攝氏60至80℃，濕度70至80%的環境中長達30天，透過梅納反應製作出來的[7]。

生食蔬菜中的澱粉酶活性

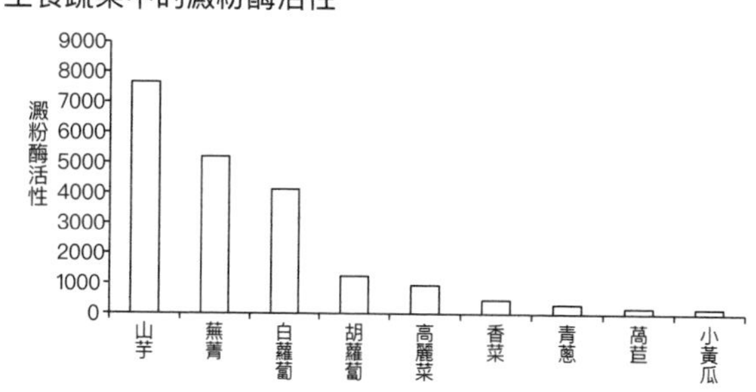

顯示澱粉酶活性每100g生產量的酵素量（單位）

出處：加藤陽治、照井譽子、羽賀敏雄、小山セイ、日景弥子、＆盛玲子。(1993)、生食野菜類のアミラーゼ活性、弘前大学教育學部教科教育研究紀要。依據17, 49–57，由作者進行彙整

Q 036

為什麼茄子和油具有良好的兼容性？

茄子和油的良好關係

茄子和油存在良好的兼容性，意思是在烹調的時候若能使用油作為加熱介質，就會有很好的效果。因為茄子組織為海綿狀，含有很多空氣且難以均勻受熱，所以炒透需要花很長的時間，顏色也會因此變得不好看，加了調味料也很難充分入味。

如果改用油炸烹調，因為茄子是受液體狀的高溫油包覆，所以溫度能有效率地升高，且一口氣超過90℃，如此一來就能破壞果膠，讓茄子快速變軟。茄子皮的顏色在日本稱為「茄子紺」，日本料理中很重視這種漂亮的紫色。這個顏色來自於名為茄色苷的色素，屬於花色素苷類的色素之一，因為是水溶性的，所以水煮之後表皮細胞遭到破壞就會流出，導致茄子褪色。油炸茄子的時候，因為加熱過程中不會碰觸到水，就能防止茄色苷流出。茄色苷在短暫加熱之後，因為加熱介質中的水分很少且不容易被分解，所以油炸烹調時可以保持茄子色[8]。

一般家庭在烹煮時如果不想使用太多油，可以在平底鍋加熱淺淺一層油之後放入茄子，針對皮的部分重點式加熱，或是將油塗滿在茄子皮上，再使用微波爐加熱也可以。

深紫色外皮的茄子相當漂亮

被討厭是有原因的

為什麼很多小朋友討厭胡蘿蔔、青椒和香菇？

如果就身為自然界中的生物來思考，對孩子而言，最重要的應該就是活下去這件事了。換句話說，為了最優先攝取日常活動所必須的能量，以及讓身體長大必備的蛋白質，味道方面會以甜味和鮮味為優先考量。人們與生俱來喜歡甜味和鮮味，討厭酸味和苦味，這也是上述優先順序的充分展現。攝取存活下來所必備的碳水化合物和蛋白質，迴避危險的酸味和苦味，這些對於比較缺乏飲食經驗的幼小生物來說，是相當重要的生存戰略。所以才會有很多孩子討厭青椒，就是因為會強烈地感受到它的苦味，討厭也是理所當然的。

至於氣味部分，並沒有天生喜歡或是討厭的味道。孩子因為飲食經驗比較少的緣故，對熟悉度比較低的食物會提高食用警戒。胡蘿蔔中含有壬烯醛等青草的香氣成分，有研究指出，孩子若從在母親肚子時（浸泡在羊水階段）就開始習慣胡蘿蔔香氣，便會喜歡吃胡蘿蔔。另外，蔬菜散發的青草氣味很像植物尚未成熟的味道，對大多數的孩子而言是不安全的味道，討厭也是理所當然的。

有些人討厭香菇，尤其是討厭乾香菇泡水還原時的氣味，原因是來自其中名為蘑菇香精的香氣成分。其他食材中很少含有蘑菇香精，因為它含有硫磺的特殊氣味，閾值也很低，只有一點點也會感覺很強烈。要解決這一點，可以經過完善的前置處理並將乾香菇泡軟，再使用甜辣口味燉煮等，建議烹煮時就先就從孩子喜歡的調味開始著手吧！

Q 038

很苦卻拿來吃的原因

苦瓜明明就很苦，為什麼還要拿來吃？該怎麼適當地活用這個苦味？

苦瓜的苦味成分其實大多集中在果實部位，來自一種名為葫蘆素，屬於葫蘆科植物特有的三萜類物質[9]。未成熟的小黃瓜，其表皮突起物中也含有這項物質[10]。換句話說，植物在成熟之前，為了避免成為其他動物的糧食，就會在尚未成熟的果實中分泌較多此類物質。葫蘆素不容易溶解在水中[11]，但是經過抹鹽或汆燙等方式破壞細胞之後，就會大量流出，苦味也會減弱。如果再過油翻炒一下，還會變得更容易食用。

苦味本來就是令人討厭的味道，但是人類還是可以吃下某種程度的苦味。那是因為人類的苦味閾值比其他動物還要高，感覺也比較遲鈍的關係。京都大學的靈長類研究，觀察了舊世界猴進化到新世界猴的苦味閾值後，發現除了大猩猩因為能雜食很多植物所以比較例外，其它的黑猩猩等大型猿猴對於苦味的閾值都很高。[12]這是因為大型猿猴如果只吃同一種食物的話，那個地區可吃的東西很快就會被吃光，所以才進化成能吃各種不同的食物。猴子是雜食性的，老鼠也是，但是兩者的雜食性卻存在很大的差異。猴子的雜食是「會想吃各種不同東西」，老鼠的雜食則只是「可以吃各種不同東西」罷了。大型猿猴對苦味的閾值提高，換句話說就是對苦味的感覺變得很遲鈍，這樣就可以吃下更多種不同的食物了。

大型猿猴以這種方式進化到現在，人類身為其中的一種，不但會想要吃各種不同的東西，也變得可以吃下各種不同的東西了。

靈長類對苦味、澀味的耐受多樣性

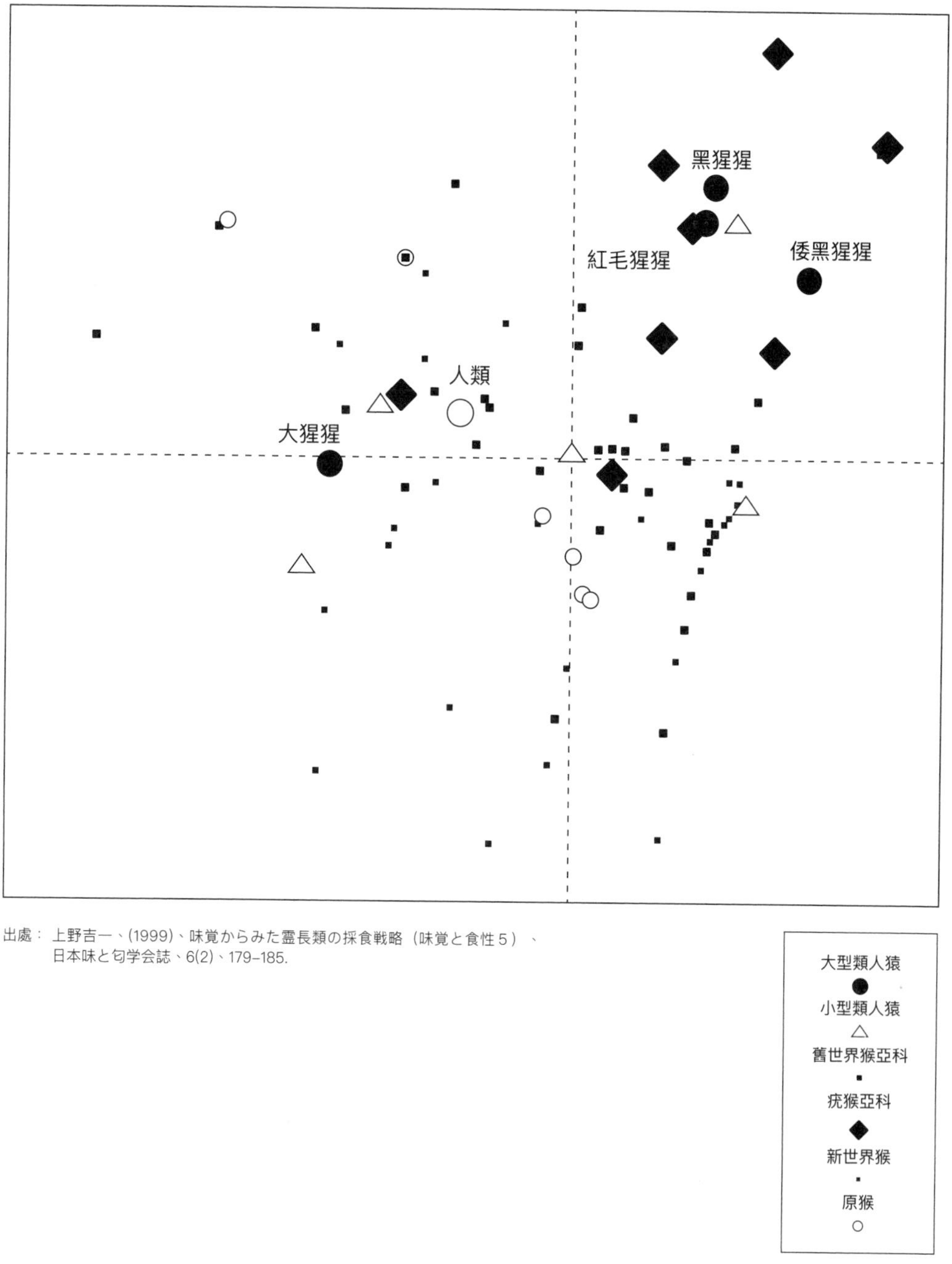

黑猩猩

紅毛猩猩

倭黑猩猩

人類

大猩猩

出處：上野吉一、(1999)、味覚からみた霊長類の採食戦略（味覚と食性５）、日本味と匂学会誌、6(2)、179–185.

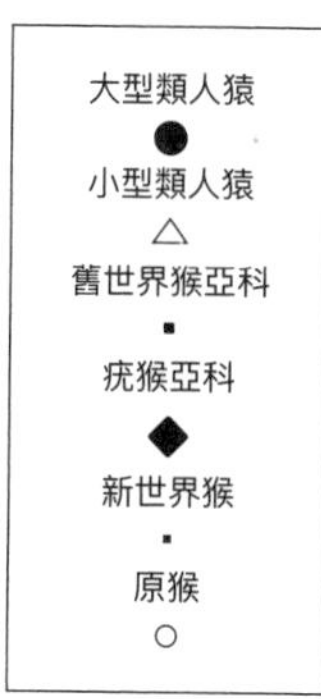

為什麼提到評價兩極的香草植物，就非香菜莫屬？

是椿象？還是肥皂？

偏向喜歡哪種氣味，並非一出生就已經決定，而是透過飲食經驗逐漸形成的。對香菜也是，如果是在偶然的狀況下，在不是食物的東西上先聞到了這個味道，那麼之後聞到香菜時，可能就會覺得反胃！這樣的物體之一是椿象，另一個則是肥皂。

日文的香菜唸法取自泰文的發音，中文稱它為香菜，英文則是coriander，它是繖形科的植物，除了莖葉之外，種子和根部也都可拿來使用。香菜幼苗期的莖葉，主要香氣成分包括油油的、甜甜的、擁有青草般香氣的癸醛、反式-2-癸烯醛、反式-2-十一烯醛、反式-2-十四烯醛等醛類，但當它成長之後，包括庚醛、反式-2-己烯醛、正辛醛這類有著青草般清新香氣的醛類就會減少[13]。它在種子時並未含有這些物質，而是帶有宛如花朵和柑桔類香氣的芳樟醇、蒎烯、萜品烯、樟腦、香葉醇等物質。

昆蟲椿象的氣味來自名為反式-2-己烯醛的醛類，因為這些醛類都含有和香菜共同的成分，所以只要想像椿象的氣味，就可以明白為什麼有人會討厭香菜了[14]。

此外，研究顯示東亞地區有21%，歐洲地區有17%，非洲地區有14%的人討厭香菜的味道，研究也得知依人種不同會有不一樣的結果[15]。試著從基因的角度去推查可發現，那些會把香菜的氣味感覺成肥皂味的人，有很高的可能性是，他們的嗅覺受體對香菜含有的醛類氣味特別敏感所致。

像這樣，一聞到香菜就聯想到昆蟲和肥皂的話，難怪有人對香菜的反應這麼激烈了。

Q
040

濱紫草為什麼會散發出生蠔的味道？

是植物卻有牡蠣的味道？

濱紫草與雷公根相當類似，是原產於加拿大和格陵蘭的植物，因為會散發出生蠔的味道而聞名。明明是植物為什麼會有生蠔的風味呢？其實是因為它具有與生蠔一樣的香氣成分。

不同種類的牡蠣，其風味也各有不同，太平洋牡蠣（長牡蠣）會散發出小黃瓜和甜瓜般的香氣，大西洋牡蠣（美東牡蠣）則散發著溫和的海藻味。[16]同時，兩者都含有蘑菇般和天竺葵葉片的香氣成分，但太平洋牡蠣還多了小黃瓜和甜瓜皮那樣的香氣成分。另一方面，濱紫草因為具有與牡蠣相同的蘑菇和天竺葵葉片的香氣成分，也有含有宛如西瓜一般的香氣成分。[17]換句話說，濱紫草和牡蠣，特別是和長牡蠣帶有的小黃瓜和甜瓜香氣類似，而類似西瓜的香氣更是它的一大特徵。從這些共通點來看，確實可以透過濱紫草感覺到生蠔的風味。至於為什麼它擁有和生蠔一樣的香氣成分，這一點我認為可能只是偶然，細節就不太清楚了。

濱紫草

Q.041

壽司和米

不同品種的米，味道也會不同？哪一種米適合用來製作壽司呢？

對日本人來說，米是非常特別的穀物！雖然稻米的原產地是在溫暖的地區，但經過品種改良之後，連寒冷的北海道都可以種植，從中可見日本人對米的強烈執念。當越光米最早在福井縣開發成功，在全日本可說是轟動一時，但現在人們已經可以很簡單就吃到來自日本各地的不同美味品種米，電子鍋廠商也為了讓消費者可以好好享受這些米，根據米的品種附加了不同的炊煮功能，品嚐的方式也逐漸改變。這就是飲食的樂趣所在，我個人也認為這是很好的發展趨勢。

握壽司是日本獨有的料理文化，而且近年來也成為一種職人工藝表現，逐漸受到全世界的尊崇。關西地區的代表壽司箱壽司，和被稱為江戶前壽司（使用東京灣的漁獲製作）的關東煮壽司，他們對米飯（炊熟的米）的要求就大不相同。

特別是江戶前壽司，飯必須做到「はらけ（HARA KE）」的狀態：吃進口中就會瞬間散開，與壽司配料一起咀嚼品嘗時，能感受到醋飯和魚肉的豐富感，也就是「不均一感」，這樣的方式發展至今。為了要煮出這樣的飯，米粒和米粒之間必須要以點的方式相連，包括米的品種、保存方法和產期、炊飯方式、壽司醋的配方和醋飯製作方式、捏壽司的技術等，每位職人都有各自不同的功夫及巧思。重要的不是固守「這種作法是最棒的」的想法，而是記住「這個狀態是最棒的」。這樣即使無法取得和修業時期同樣的米，只要曾記住米飯最佳的狀態，就可以思考該如何達到那個狀態，然後決定製作方法即可。

Q 042

春之味

為什麼山菜幾乎都帶有苦味，或有特殊的味道？只有在日本才會吃山菜嗎？

我們可以將山菜定義為自然生長在山野地區，可供人類食用的植物。但是近年來像是九眼獨活（土當歸）、水芹、山芹菜等野菜，也會採用人工方式種植。在日本，一般大眾認知的山菜，就是宣告春天的到來，最能夠呈現季節感的重要食材。除了人工栽種的品種，一般自然生長的植物如果長得太大，纖維就會變硬，不適合作為食材，所以山菜大部分都會以食用新芽為主。而植物的新芽為了不想遭到捕食者食用，則會在新芽部位蓄積生物鹼和多酚等物質，所以食用時才會有澀味和苦味。將菜泡在水中適度去除這些味道，就可以好好享受這種微苦但具有良好香氣的食材。

嚴格來說，日本以外的國家雖然沒有明確定義出所謂的山菜，但也有品嘗非人工栽培蔬菜這樣的飲食文化。在韓國會將紫萁和蕨菜做成namul（나물），在法國則有一種名為asperge sauvage的野蘆筍，他們將這種野生植物當成山菜，在春天這個短暫的期間享用。法文asperge是蘆筍的意思，sauvage則是野生的意思，雖然它與蘆筍同樣都是百合科植物，但是蘆筍是天門冬屬，asperge sauvage則是虎眼萬年青屬。世界上或許也有其他可供人類食用，只是還沒有人吃過的植物。因為有部分具有毒性，必須要謹慎選擇，做好充分的調查，才能找出更多美味的山菜新的品種。

山菜（九眼獨活、遼東楤木的嫩芽、蕗蔓）

Q 043

苦味和水煮

竹筍的苦味從何而來？為什麼水煮的時候要加入米糠或是紅辣椒呢？

竹筍帶有苦味的原因，主要來自尿黑酸和草酸。竹筍從土裡挖出來之後放置一陣子，苦味就會變得越來越重，為什麼會這樣呢？這是因為竹筍的成長速度相當快，需要大量名為木質素的物質。木質素和纖維素等，都是植物建造細胞骨架時很重要的元素，它的原料是名為酪胺酸的胺基酸。水煮竹筍切開之後，節的位置有白色的塊狀物，這就是酪胺酸。酪胺酸除了成為木質素的原料之外，透過產生尿黑酸的酵素作用也可以成為尿黑酸[18]，它就是竹筍苦味的來源。尖端部位的苦味比較重，那是因為尖端部位成長比較快速，所以酪胺酸含量較多，同時轉變成尿黑酸的緣故。

水煮竹筍能讓尿黑酸和草酸等苦味成分移轉到水中，藉此達到減少苦味的目的。有研究指出，添加米糠的話，比起單純用水煮更能讓竹筍的草酸含量減至一半左右程度[19]。此外，水煮時將米糠覆蓋在上面，也可以減少竹筍與空氣接觸進而防止氧化，讓最後煮好的竹筍維持白皙的效果。[20] 順帶一提，據說竹筍連皮一起煮的話，皮裡面含有的亞硫酸鹽可以讓纖維軟化。但是沾染米糠的味道是無可避免的。至於和辣椒一起煮的效果目前尚未有相關研究，不確定是否真的有效，有待進一步觀察。

添加米糠和辣椒一起放入水煮

Q
044

容易揮發的香氣成分

蕎麥麵幾乎不會散發出香氣，但蕎麥本身具有香氣嗎？

（上） 使用石臼製粉機研磨的蕎麥粉
（下） 擀製蕎麥麵，這是使用擀麵棍推成圓形的過程

目前幾乎沒有針對蕎麥粉的香氣成分進行分析的記錄，但是有其他針對正己醛、正辛醛、正壬醛等揮發性醛類的香氣成分進行的研究。[21]它們會散發出青草般的香氣和脂肪味，只要感覺到這些複合式的味道，就能感覺到蕎麥麵的香氣了。醛類可以藉由脂肪酸氧化之後產生，蕎麥粉的多元不飽和脂肪酸含量很高，氧化之後就會轉化為醛類，產生這些香氣成分[22]。

蕎麥的果實有堅硬的外殼包覆，做成蕎麥粉之後因為表面積增加，與空氣中的氧接觸後促進脂質氧化，導致這些香氣成分不斷地快速揮發。蕎麥的氧化首先是在製作蕎麥粉之際，因為高溫促使大規模的氧化，所以香氣成分也會揮發掉。可以想見擀麵完成時的蕎麥麵條中，香氣成分的含量是很少的。雖然醛類即使濃度很低依然可以感覺得到，但是水煮的話就會完全蒸發殆盡了。

蕎麥麵美味的條件包括「現磨、現擀、現煮」這三大法則，尤其是現磨這一點。蕎麥麵從研磨蕎麥果實的瞬間就開始進行脂質氧化，香氣成分也因此揮發掉，所以才要特別強調現做。

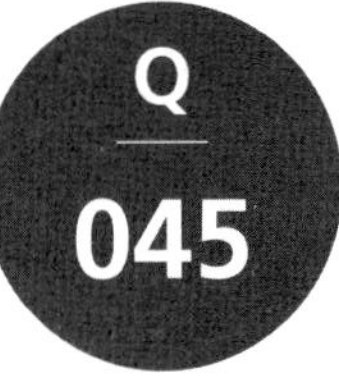

帶出花山葵辣味的方法

為什麼將熱水淋在花山葵上會散發出辣味？最適當的熱水溫度又是幾度？

花山葵是山葵開花之前，在花苞狀態下採收的稚嫩花莛部位，一月中旬開始出現在日本市面上，二月到三月之間是盛產的季節。即使只是花苞，還是具有山葵獨有的辣味和香氣，是能感受春天氣息的食材之一。

山葵的辣味來自「異硫氰酸烯丙酯」（AITC）這項成分，其葉片細胞中含有它的前體（烯丙基芥子油苷），當細胞遭到破壞之後，接觸到同樣存在於細胞內的酵素（芥子酶）而製作出AITC。酵素都有其活性最高的溫度（最佳溫度）和失去活性的溫度（失活溫度）。山葵的芥子酶的最佳溫度是37℃，超過60℃的話幾乎失去活性。[23] 此外，植物的細胞構造是在細胞膜的周圍有一層細胞壁，超過40至50℃的話，細胞膜就會壞死，而從細胞中流出

山葵芥子酶不同溫度的活性

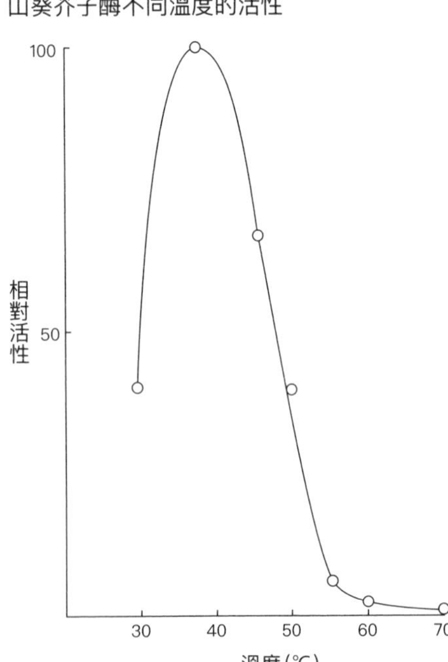

山葵芥子酶的活性固定在pH7.0、20分鐘的反應條件下，進行量測

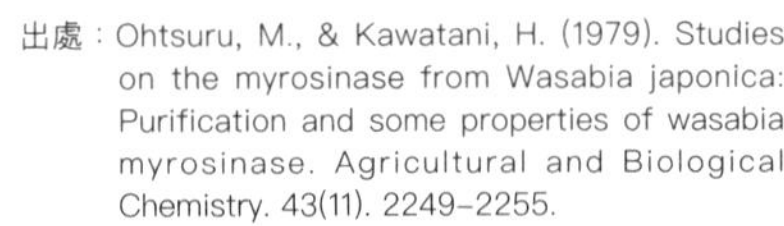
出處：Ohtsuru, M., & Kawatani, H. (1979). Studies on the myrosinase from Wasabia japonica: Purification and some properties of wasabia myrosinase. Agricultural and Biological Chemistry. 43(11). 2249-2255.

各種物質。

基於上述說明，在花山葵上面淋上60℃左右的熱水，當細胞壞死導致酵素開始運作後，就會產生辣味成分AITC。但若真的在常溫的花山葵上面淋上60℃熱水，雖然水溫接觸空氣後會稍微下降，但是以酵素的最佳溫度來考量的話還是算高了一些。為了讓酵素能完全發揮功能性，就必須先破壞細胞膜，所以淋上溫度50℃左右的熱水之後放置一段時間，不但能盡量維持酵素活性，同時也能夠破壞細胞。然而，只用50℃加熱的話，吃起來的口感幾乎是生的，而且因為酵素不會失活，辣味還會隨著時間過去逐漸增加。所以最後可再淋上90℃左右的熱水，讓酵素失活的同時也可以讓組織變軟。

（左）花山葵
（上）引出辣味的過程，是把撕碎的葉子和切碎的莖灑鹽，然後確實搓揉
（下）注入熱水，隨後將熱水倒掉

Q
046

辣味也有很多種

山葵、芥末、辣椒的辣味都是一樣的嗎？

山葵和芥末同樣都是十字花科的植物，辣味成分也同樣都是「異硫氰酸烯丙酯」（AITC）。但因為山葵含有好幾種特有的青草香氣，所以吃起來的感受會和芥末不同[24]。AITC的揮發性很高，可以感受到宛如辣味從鼻腔排出那樣的感覺，但過一陣子之後山葵就沒有辣味了。至於辣椒的辣味成分則是名為辣椒鹼的物質，辣椒鹼不是揮發性的，所以會在整個口腔中讓我們持續感覺到辣味。

辣味的感知受體也和AITC與辣椒鹼不同。耐人尋味的是，兩者同樣都是會對溫度產生反應的受體，只是感知的溫度有所不同。辣椒鹼的受體TRPV1對辣椒鹼有反應，也會對超過43℃的高溫有反應[25]，所以吃了加辣椒的食物會感覺很燙就是這個原因。而AITC的受體TRPA1，除了對AITC有反應之外，也會對17℃以下的溫度有反應。雖然目前還不知道為什麼吃山葵不會有冰涼的感覺，但低溫的確更符合山葵的特性，推測兩者應該存在著某種我們不知道的關連。

讓溫度感受度TRP通道活性化的辛香料和活性化成分

溫度感受度的TRP通道	活性化溫度的閾值	辛香料	活性化成分
TRPV1	43℃＜	辣椒 「CH-19甘」 生薑	辣椒鹼 辣椒素酯（辣椒素類物質） Gingerol、薑香素、薑醇
		黑胡椒	胡椒鹼
		丁香 山椒	丁香油酚 羥基-α-山椒素
		山葵	異硫氰酸烯丙酯
TRPV3	32～39℃＜	普通百里香	百里酚
		奧勒岡 風輪草 丁香	香芹酚 香芹酚 丁香油酚
TRPV8	＜28℃	辣薄荷 月桂	薄荷醇 桉葉油醇
		迷迭香	桉葉油醇
TRPA1	＜17℃	山葵 肉桂	異硫氰酸烯丙酯 肉桂醛
		大蒜	大蒜素、二烯丙基二硫
		生薑 黑胡椒	Miogadial, Miogatrial 胡椒鹼

出處：川端二功、(2013)、スパイスの化学変容と機能性、日本調理科学会誌、46(1)、1-7

Q 047

日本料理與山葵

只有日本人認為山葵的味道是好吃的味道嗎？

山葵的味道主要是名為「異硫氰酸烯丙酯」的辣味成分，也被稱為「和風辛香料」。雖然也可以單獨食用，但通常還是會搭配生的魚肉一起吃。最初的目的是用來消毒（預防食物中毒），但到了現代，則主要是期待可以透過它達到消除魚腥味的效果。另一方面，隨著人們逐漸習慣這樣的吃法，大家的腦海中就會留下它和生魚片一定會搭配食用的共同記憶，據說也有人會覺得沒有搭配著一起吃就渾身不對勁。

在日本，由於便於種植山葵，加上一直以來都有將它當作辛香料使用的習慣，因此十分深受大眾喜愛。這麼說來，如果使用山葵的料理也同樣受海外人士歡迎的話，想必山葵也能同樣受到全世界喜愛。實際上在海外，日本料理如今已經變得非常普及了，而山葵也以Wasabi的名義，理所當然地出現在生魚片旁邊。

聽說松茸在日本以外不受歡迎，但外國人明明食用松露和牛肝菌，為什麼會不喜歡松茸？

獨樹一格的蕈菇香氣

松茸生長在包括俄羅斯在內的亞洲松樹林等針葉樹下方，松露是在橡樹或山毛櫸下方，牛肝菌則是在針葉樹下方，這些都是與樹木根部共生的蕈菇類。牛肝菌義大利文是porcino，法文則是cèpe。這些蕈菇都有其各自的當令時節，帶有特徵的香氣也是他們受到珍愛的原因。

松茸的香氣成分之中，含量最多的是1-辛烯-3-醇，別名松茸醇的成分[26]。1-辛烯-3-醇是蕈菇類普遍含有的香氣成分，也可說是蕈菇類獨具特徵的香氣；牛肝菌也含有很多這類香氣。除此之外，牛肝菌也含有包括烤肉、可可、煙燻等香氣，含有3-甲硫基丙醇（3-Methylthio-propanal、3-Methylthio-1-propanol）、吡哄等元素，賦予了它獨特的香氣。而且乾燥牛肝菌還會散發出類似醬油般的香氣，這是在乾燥過程中發生的梅納反應所致。

松露含有雄烯酮這種與豬的性費洛蒙相同的物質，據說豬隻因此可以找到埋在深度一公尺以下的松露[27]。雄烯酮的氣味喜好與否，會因為不同人而有很大的差異，是極具特徵的香氣。接近閾值的濃度以「甜甜的、宛如水果般的香氣」呈現，高濃度的時候則是以「汗臭味、動物的味道、像尿和阿摩尼亞的味道」來表現。此外也有研究指出，女性比男性的感受度更高，容易感覺不舒服。除了雄烯酮以外，異戊醛和異戊醇也都是松露的香氣成分。[28]

對香氣的偏好並不是一出生就決定的，而是在飲食的經驗中，對當地的食材和香氣產生好感。蕈菇類會散布胞子進行繁殖，可說是那片土地上具有象徵意義的食材。若愛上那片土地的蕈菇類，主要就是受到飲食經驗很大的影響。

Q
049

發芽產生的變化

印度料理會刻意使用發芽的綠豆入菜，為什麼要故意讓綠豆發芽呢？

將綠豆用水徹底清洗乾淨之後，泡在水中浸一個晚上，再將水完全瀝乾，放入調理盆中蓋上蓋子，放置在陰暗處兩天後就會發芽。綠豆是種子，本身蓄積了澱粉和蛋白質等發芽時所需的能量，等到發芽的時候就會將這些能量分解之後活用。

發芽之後隨著天數增加，蛋白質會逐漸分解成為胺基酸，尤其因為產生麩胺酸和天門冬胺酸的關係，所以增加了鮮味。[29] 蔗糖含量也會在發芽後第二天達到最高，之後就逐日遞減。至於其他營養成分，雖然綠豆中的維他命C含量本來就很少，但是發芽後會急遽增加，在發芽後第13個小時達到最高，之後就逐步減少[30]。

豆類的種子一般來說都含有豐富的蛋白質，但也含有阻礙蛋白質分解的酵素成分（蛋白酶抑制劑）。現已知綠豆也含有這項成分，而且因為它具有耐熱性和耐酸性，烹飪後仍然容易殘留，所以人體對其蛋白質的吸收度才會變差[31]。但在發芽之後，發芽第一天蛋白酶抑制劑的活性雖會暫時升高，之後就會一路減弱。這就是為什麼原本不能生吃的豆類，在發芽後就可以生吃，或是只需要短時間加熱就可以食用的原因。

刻意讓綠豆發芽

抑制不舒服和討厭的臭味的方法

雖然對植物肉很感興趣，卻始終無法克服豆腥味和口感，是否有祕訣呢？

植物肉（soy meat）是將黃豆去除油脂之後的脫脂大豆作為原料，透過加熱、加壓的方式加工成纖維狀的食品，因為主要成分是植物性蛋白質而備受矚目。黃豆腥味來自於正己醛這種醛類所散發出來的青草味，多被認為是不舒服的味道。正己醛是亞油酸透過脂氧合酶這種酵素進行氧化之後產生的物質，而且還可以再進一步分解。至於黃豆乾燥後那種乾澀令人感覺不舒服的味道，據說是苯酚、氫化卵磷脂和脂肪酸、皂素、異黃酮等造成的[32]。尤其是皂素和異黃酮，那讓人感覺不舒服的味道很強烈，其胚軸中就含有很多這類物質。

植物肉在製造過程中為了減少這類成分，活用了製作豆腐時獲得的技術。例如將黃豆去除胚軸之後浸泡在水中，這個步驟相當重要！因為產生臭味的主要成分，只要泡在60℃溫水中就會完全釋放出來。另外，讓黃豆變得有腥味的主因是脂氧合酶從60℃開始便具有活性，所以浸泡在60℃溫水中，就可以讓不舒服的味道和黃豆腥味兩者同時減少[33]。

使用植物肉製作料理時，必須想辦法減少或是蓋掉讓人不舒服的味道和氣味。皂素在150℃以上開始分解，所以透過油炸或是燒烤等方式，都可以減少這類臭味。此外，針對這些不舒服的味道，研究顯示百里香、薑、肉豆蔻、黑胡椒、白胡椒、月桂葉等香料，都具有降低大豆腥味的效果[34]。

作為替代肉，植物肉是很受期待的蛋白質食材，開發技術也持續進行。黃豆不但可以增加、取代肉類蛋白質的攝取來源選項，全世界的總體消費量也大有可為。在日本有豆腐和豆皮等黃豆類製品，以及麵麩等麩質蛋白質製品，素齋也持續發展中。透過這些烹飪技術和製造技術的活用，可期待將有更多樣性的產品問世。

Q

051

不喜歡南瓜的甜味，有什麼好方法可以讓它變好吃嗎？

用酸味來抑制

南瓜含有豐富的β胡蘿蔔素，這是一種天然的紅色色素，透過身體吸收之後，會在體內轉化為維他命A，南瓜同時也是維他命C含量很高的食材。其中因為β胡蘿蔔素是脂溶性的，所以用油烹調的話，身體吸收率會大幅提升。說到味道的話，因為富含蔗糖、果糖和葡萄糖，所以具有很濃厚的甜味[35]。尤其是加熱後成為泥狀時，受到澱粉影響所以黏性也很強，感覺甜味會變得更濃。如果因為個人口味不擅長吃甜的話，也可試著用酸味來抑制，我們已經知道酸味可以減弱甜味的感覺。[36]如果使用柑橘類果汁，或是用醋來進行調味的話，南瓜也會因為甜味受到抑制而變得更容易入口吧！

Q

052

水果和溫度

水果還是要冰過之後才會比較好吃？

水果主要的甜味成分包括果糖、葡萄糖和蔗糖，不同水果的糖分比例也有所不同。當中，大部分水果都含有比例很高的果糖，這是一大特徵，而且甜味度*還會隨著溫度改變而產生變化。溫度越低甜味度就越高，如果將蔗糖的甜味度設定為100％的話，果糖的甜味度在5℃的時候會變成145％，然後隨著溫度上升而逐步減少[37]。這是因為果糖的分子構造會在不同溫度時產生變化的關係。將含有豐富果糖的水果，做某種程度的降溫，確實可以讓水果感覺更甜。但並非甜味重就代表比較好吃，還必須考量水果的香氣成分和其他味道。比方說，雖然溫度越低香氣成分越不容易作用，但是放入口中之後因為嘴裡的體溫導致水果溫度上升，反而會變得更容易感受到它的香氣。

＊甜味度：用來表示甜味劑的甜度時所使用的指標。透過感官分析進行測定，以蔗糖的甜度作為基準，所呈現的相對值。

水果中含有的糖分種類和濃度

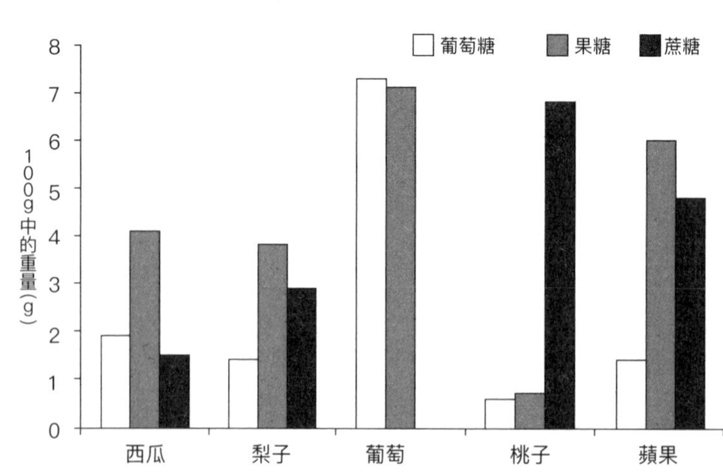

出處：依據日本食品標準成分表2015年版（七版），由作者進行彙整

Q 053

讓香蕉變好吃的祕訣

請告訴我香蕉最好吃的時候，還有吃不完的香蕉應該怎麼處理比較好？

香蕉進口到日本的時候還是綠色的，處在尚未成熟的狀態，經過催熟加工之後才會出貨，擺放在賣場中。在日本進行的催熟動作是將溫度設定在20℃，濕度設定在90到95％的狀態下，使用乙烯歷時12至24小時進行催熟。這個時間點澱粉的占比大約是20％，澱粉和糖分的比例是20比1，但是熟成之後就會反過來變成1比20[38]。這就是澱粉酶這種澱粉分解酵素產生作用的結果。此外，澱粉在糖化的同時，細胞壁成分中的果膠也會溶解，讓組織變得很柔軟。

有研究指出，一般日本家庭購買香蕉之後，夏天大約會放二至五天，其他季節大約五至八天，糖度變成22度以上時，就是最適合食用的時候。[39]

如果沒辦法一口氣吃完的話，可以進行冷凍保存或加熱之後再食用。冷凍保存的時候，因為一般家庭用冰箱的冷凍庫沒辦法凍得那麼徹底，所以建議先將香蕉切成薄片再冰，這樣從冷凍庫取出時就可以立刻食用。如果壓成泥狀再冷凍的話，還可以用來做果汁或甜點。至於加熱，除了可以像地瓜一樣拿來炸之外，也可以將奶油加入砂糖後進行焦化，再加入香蕉一起加熱，就會搖身一變成為一道香蕉焦糖甜點了。

也可將香蕉與奶油一起加熱，淋上焦糖醬汁之後，搭配冰淇淋一起吃

Q 054

水產養殖的可能性

野生魚和養殖魚，味道上有什麼樣的差異？

現代的養殖技術相當發達，已經不再是那個「養殖魚不好吃，捕撈的才好吃」的年代。魚的美味與否，特別是針對鮮味和口感，不但取決於魚的鮮度，殺魚的方式也會造成很大的影響，所以無法一概而論。一般來說，過往養殖魚因為脂肪含量很高，飼料的味道很容易轉移到脂肪上面，所以才會散發出獨特的味道。但到了後來，已能根據魚的特性針對飼料進行改善，並終於發展出了不會產生臭味的技術。比方說，鰤魚因為血肉的部分脂肪比較多，很容易產生脂肪氧化現象，只要改用柚子果皮當作飼料餵食，就能確保魚肉不容易發生脂肪氧化的現象了。

像這樣改善飼料和飼育方式，就可以提升養殖魚的美味度，所以廚師也會和生產者合作，這麼一來就可以大大提升養殖魚的等級。未來，考量整體的永續發展性，這類合作模式也是必要的吧！

Q 055

鱈魚的風味容易變差，本身腥味也很重，為什麼會這樣？

大家都知道鱈魚的風味無法長久維持。一般來說，魚死亡之後，身上的ATP（三磷酸腺苷）這項能量物質就會被酵素分解，逐漸轉變為鮮味成分的肌苷酸，如果反應繼續進行的話，肌苷酸則會轉變成其他物質之後消失不見。依據魚種的不同，上述變化速度會有很大的落差，例如大頭鱈死亡後，雖然脂肪酸幾乎不會有變化，但即使是儲存在0℃環境中，肌苷酸還是會在短時間內消失，導致鮮味大幅減弱。[41]而且鱈魚的魚肉中含有大量的氧化三甲胺（TMAO）這是魚類本身的滲透壓調節成分[42]，一旦死亡後，當環境溫度很高時，這項物質就會產生大量臭味成分三甲胺。

所以，鱈魚無論是在味道方面還是氣味方面，都存在著容易喪失美味度的要素，保存上必須特別注意。

各種魚類死後冷凍時，肌苷酸含量的變化

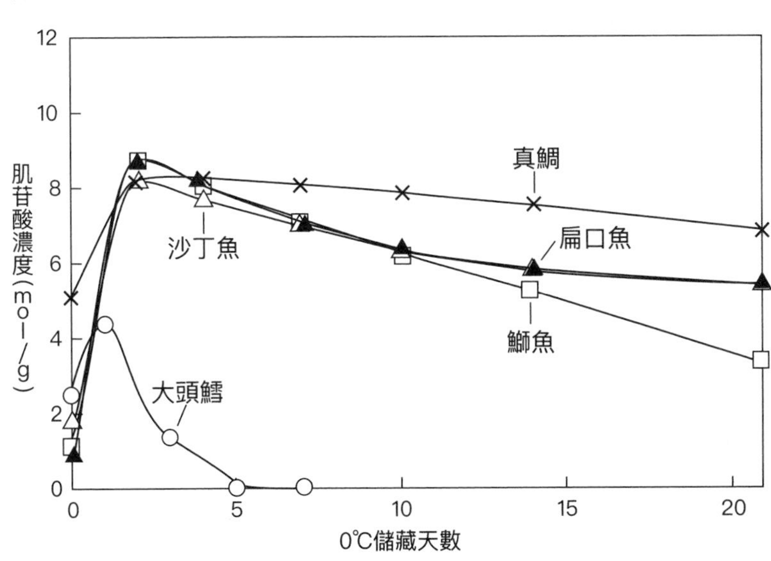

出處：谷本昌太、平田孝、坂口守彥、1999、「淡水魚筋肉の氷蔵中におけるATPとその関連物質の変化」、日本水産学会誌65(1): 97–102，由作者進行彙整

河魚的氣味

河魚的氣味有哪些特徵？又如何將這個風味活用於料理之中？

不管是淡水魚還是海水魚，新鮮的時候都沒有什麼味道，但是當鮮度降低時，就會散發出極具特徵性的氣味。海水魚的腥臭味主要來自三甲胺和氮雜環己烷等成分，同時因為魚的脂肪（高度不飽和脂肪酸）很容易氧化，也會散發出氧化之後的臭味[43]。另一方面，淡水魚的氣味則是以氮雜環己烷為主，也是極具特殊性的物質。一般多認為泥鰍和鰻魚散發出的土味則是來自水底土壤中的微生物，鯉魚的土味則屬於泥巴的氣味成分，但似乎缺乏更進一步的研究。

有趣的是，使用醬油、味醂、砂糖等調味料製作的燒烤醬料，如果沒有參雜氮雜環己烷的話，會散發出照燒的味道，但若添加了氮雜環己烷之後，就會散發出蒲燒的味道[43]。這一點對於蒲燒鰻來說尤其重要，所以鰻魚料理的店家多年來持續使用祕製醬汁來烹煮也是很合理的。如果是新開幕的店家，為了補強氮雜環己烷的含量，事前會將鰻魚的身體放進湯汁裡面熬煮，也是一種方式。

鰻魚重箱搭配湯品「肝吸」
（鰻魚內臟湯）

Q 057

香魚、小黃瓜、水蓼的關係

為什麼香魚會散發出小黃瓜般的香氣？而且香魚料理都會配上蓼醋？

香魚和亞洲胡瓜魚是同類，大家常說會散發出小黃瓜般的氣味。實際上就有研究結果證實，在內臟和魚皮部位確實可以感受到強烈的小黃瓜香氣，原因就是此處含有與小黃瓜相同的香氣成分。香魚含有2,6-Nonadienal（小黃瓜香）和3-Hexenol（綠葉香氣）等物質，這些都是重要的香氣成分。

小黃瓜含有的香氣成分則是2,6-Nonadienal（小黃瓜香）和2,6-Nonadienol（甜瓜香、新鮮的葉片），尤其是2,6-Nonadienal雖然含量不多，卻可以讓人感受到強烈的小黃瓜香氣；[44]這一點和香魚的小黃瓜香氣成分是相同的[45]。此外，會被香魚吃掉的苔蘚植物也同樣含有2,6-Nonadienal，所以我們可以把香魚的小黃瓜香氣，想成是受到這些被吃掉的苔蘚植物的影響。據說，香魚會因為棲息的河川不同而帶有不同香氣，應該就是因為食用了不同苔蘚植物的關係吧！

日本的香魚料理中常常添加蓼醋。蓼指的是水蓼這種植物，含有水蓼二醛這種辣味成分，辣度相當高[46]。添加蓼醋是為了減低香魚的油膩感，因為現代還有很多油膩的料理，所以我們才不會覺得香魚很油膩。但據了解京都歷史的廚師轉述，以前的人似乎都會覺得香魚太過油膩，所以京都在夏天就會普遍用鹽烤的方式料理油膩的香魚。為了讓人吃起來感覺清爽，還會將很辣的水蓼與醋混合後附在旁邊！

殺魚的方式和味道差異

殺魚方式不同，味道也會跟著改變？所謂的神經血締又是什麼方法？

魚在死亡之後，肌肉細胞中的能量物質ATP（三磷酸腺苷）會逐漸消失，肌肉也會變得很僵硬，這個現象被稱為屍僵（Rigor mortis）。在發生屍僵之前的狀態都算是「存活」，所以在日本關西地區特別重視存活狀態的口感，認為這樣的鮮度最好。因為發生屍僵之後肉質就會變軟爛，所以只要將屍僵的時間拉長，就可以長時間維持魚的鮮度狀態。[47]

一般而言，比起瞬間死亡，魚在慢慢死亡的狀態下會比較快引發屍僵。此外，現殺（活魚現殺）時還會進行放血這個動作，透過放血可以保持魚肉的鮮度，另外像是柴魚等容易產生魚腥味的魚類，透過脫脂氧化方式也可以有效降低魚腥味。

「神經血締」是在現殺並進行放血之外，再使用金屬線狀器具破壞魚脊髓的殺魚方式。這個方式可以減少肌肉在死後發生痙攣，有效抑制ATP含量減少，延緩屍僵的速度。不過，如果沒有同時進行溫度管理的話，效果會大打折扣，據說扁口魚要儲藏在5至10℃環境，真鯛則是儲藏在0℃到10℃之間，才能夠有效延緩屍僵的速度[48]。

活魚現殺的手法和魚肉僵直度的時間推移

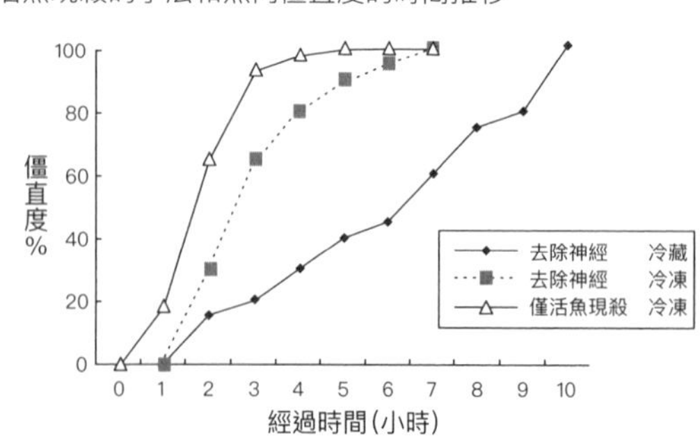

出處：的場達人、秋本聡、＆篠原満寿美、（2003）、１そうごち網で漁獲されたマダイにおける神経抜及び温度管理による鮮度保持効果について、福岡県水産海洋技術センター研究報告、13、41–45。

Q 059

剩下的魚皮，該如何妥善運用？

試著讓它變酥脆吧！

將未利用的水產資源透過烹調或加工等方式，製作成可以食用的東西，這件事對未來的食品加工業者和專業廚師來說，是非常重要的一項課題。

與歐美國家不同，包括日本在內的亞洲國家並不討厭魚皮，而且平常就有吃魚皮的習慣。足以用來當作山葵研磨器使用的堅硬鮫皮，也曾被評估可取一部分來食用。根據某項研究指出，魚皮透過鹼性或是酸性處理之後，只要再進行加壓加熱處理就可以食用。[49]利用這個方式，可以製作出全新的食品素材，不但可以煮出全新的料理，也可以當作新的加工食品進行販售。歐美國家現在也已經開始將魚皮剝下來進行乾燥處理，以油炸方式讓它「膨化」後當成香脆的小點心販售。

魚皮之所以被大家討厭，或許是皮下那層膠原蛋白的口感吧！那麼，將它變酥脆之後，就更有機會受到大家的喜愛了。

Q
060

甜味＋濃郁度的效果

為什麼甜蝦會有甜甜的味道呢？

北國紅蝦的正式名稱為Pandalus eous，是主要用來生食的蝦類。因為甜味很強烈，所以又被稱為甜蝦。有一項針對甜蝦胺基酸組成的研究報告指出，它的甜味來自於甘胺酸這項成分。在說到甜味，並不是只有蔗糖等糖類才能感覺到甜味，胺基酸裡面也含有甜味的物質。胺基酸有很多不同種類，麩胺酸帶有鮮味，甘胺酸與丙胺酸等胺基酸帶有甜味，另外還有很多帶有苦味的胺基酸。

至於甜蝦的甜味，就是來自這個胺基酸中的甘胺酸味道。不但耐人尋味的是，甜蝦所含有的甘胺酸並沒有特別多，它其實與其他蝦子沒有太大差異[50]。

甜蝦的另外一項特徵是，它的黏稠度很高。從甜蝦抽取出來水分液體，將之與日本龍蝦、日本囊對蝦、中國對蝦、周氏新對蝦等比較後發現，它的黏稠度最強，這是水溶性蛋白質造成的結果。換句話說，甜蝦的甜味來源是甘胺酸，加上它內含的水溶性蛋白質帶有很強烈的濃郁感，食用時延長了在口腔內滯留的時間，讓人感受到強烈的甜味。甜蝦若水煮的話並不好吃，這是因為水溶性蛋白質加熱後會變性，無法發揮它原有功能的關係。

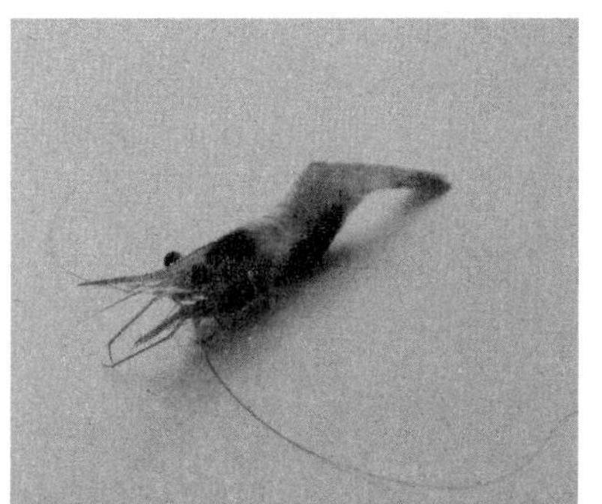

北國甜蝦（Pandalus eous）

Q 061

同樣是養殖的長牡蠣，產地不同，口味也會不一樣嗎？

海域不同，味道也大不相同

據說，牡蠣會因為養殖區域與季節不同導致成分產生很大的變化。我們平常吃的是牡蠣的內臟部分，因為牡蠣是以浮游生物作為食物，所以海水對它的影響很大。某項研究指出，將海水鹽度分別變更為2.5%、2.8%、3.2%進行養殖，肌苷酸的含量在2.8%的時候達到最高，胺基酸則是在3.2%的時候最多。[51]至於營養成分，從二〇一二年到二〇一四年為止的調查顯示，瀨戶內海沿岸的岡山縣、廣島縣、兵庫縣等地，雖然牡蠣的蛋白質含量沒有差異，但是脂質含量卻在十一月到四月之間有減少的趨勢，肝糖則是在十一月到二月之間有增加的傾向。[52]此外，廣島縣產牡蠣的肝糖含量有偏少的狀況。風味部分依據美國的調查結果，太平洋牡蠣（長牡蠣）帶有甜瓜和小黃瓜的風味，大西洋牡蠣（美東牡蠣）則沒有這樣的味道。其中太平洋牡蠣是從日本輸出牡蠣種苗的品種。因此，長牡蠣依據不同產地、不同海水和成為食物的浮游生物的狀況不同，包括味道和香氣，甚至連營養成分都會產生變化。海洋環境每天都在改變，我們必須經常更新數據資料，確實掌握對牡蠣造成的影響才行。

（上）北海道厚岸產的牡蠣「マルえもん」
（中）三重縣產「的矢牡蠣」
（下）美國華盛頓州普吉特海灣產的牡蠣

Q 062

冷凍與鮮味的變化

蛤蜊冷凍後可以提升鮮味，這個說法正確嗎？為什麼？

某一份針對蛤蜊冷凍後的抽取物成分變化進行的研究指出，蛤蜊在負20℃環境下冷凍兩個星期之後，放入沸騰的水中加熱製作的高湯，鮮味會變得很濃[53]。雖然胺基酸和琥珀酸的含量沒有改變，但是蛤蜊的肌苷酸這項鮮味成分卻增加了。換句話說，蛤蜊冷凍之後鮮味會增加，原因就是肌苷酸這項鮮味成分增加的關係。針對肌苷酸增加的原因目前沒有更進一步的研究，不過肌苷酸會因為製作肌苷酸的酵素死亡後增加，又會因為分解肌苷酸的酵素而減少，所以透過冷凍的方式，讓分解肌苷酸的酵素無法活動，就可以不讓肌苷酸減少。

冷凍處理後熱水抽出液中肌苷酸和琥珀酸的濃度

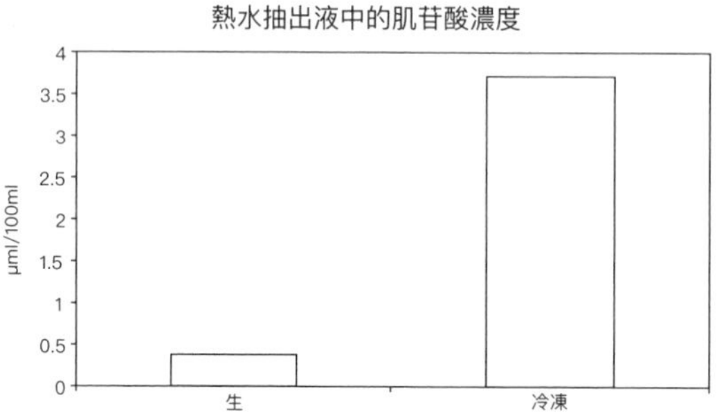

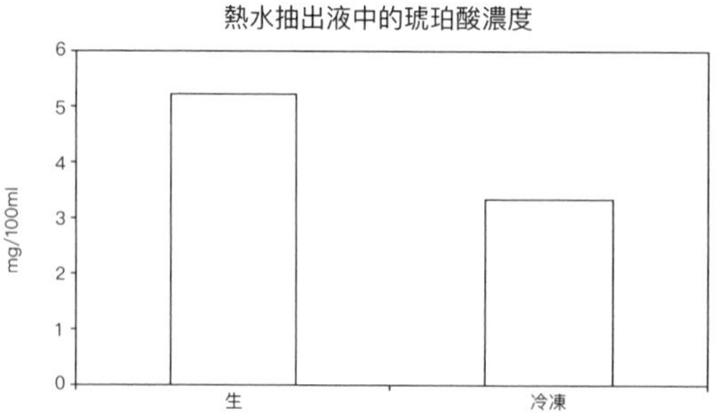

熱水抽出液中的肌苷酸濃度

	μml/100ml
生	約0.4
冷凍	約3.7

熱水抽出液中的琥珀酸濃度

	mg/100ml
生	約5.2
冷凍	約3.3

出處：Chie YONEDA, Extractive Components of Frozen Short-neck Clam and State of Shell-opening during Cooking, Journal of Home Economics of Japan, 2011, Volume 62, Issue 6, Pages 361-368，由作者進行彙整

Q
063

鮑魚要蒸多久才是最適當的呢？

留住風味，活用口感

鮑魚，我們主要食用的是其肌肉部位。鮑魚的肌肉因為富含膠原蛋白，生的時候口感Q彈有嚼勁，但長時間蒸煮後，會因為膠原蛋白轉化為水溶性的明膠而變軟。加上鮑魚本身帶有獨特的海味，長時間蒸煮之後那股香氣就會消失。換句話說，蒸煮的時間應該以「口感要軟化到什麼程度」，以及「要保留多少程度的鮑魚風味」這兩點來做決定。此外，因為鮑魚含有大量的胺基酸，蒸煮時具有鮮味的胺基酸會流出成為汁液，所以請將它當作高湯妥善運用吧！

剛蒸好的鮑魚

和肉類不同，海鮮類的膠原蛋白即使在低溫下還是會明膠化。到了現代，蒸氣對流式烤箱等廚房設備，不但可以對食材進行嚴密的溫度管控，也可以蒸煮加熱。除了放入蒸鍋內以100℃蒸熟這個方法之外，也可嘗試用比較低的溫度來烹調，或許能發現全新的鮑魚風味，以及口感呈現方式。

Q 064

將味道和香氣用言語表達

想使用評價兩極的海鞘製作法式料理的前菜，有活用獨特風味的方法嗎？

考量食材的喜好度是很重要的，尤其是想要讓討厭的東西感覺變好吃，更是難上加難。先撇除會對食材過敏這種特殊的狀況，克服討厭吃的東西這件事，對當事人來說等於是擴展了「飲食的樂趣」。如果可以助挑食者一臂之力，可說是身為廚師至高無上的幸福不是嗎？

海鞘具有獨特的味道和強烈的海味，首先我們不要用「獨特的味道」這種曖昧不明的描述來形容，試著將它用具體的語言呈現是很重要的。盡可能將感覺進行要素拆解，針對各別要素提出具體對策會比較好。這麼一來，優點也會更加明確，強調出優點可是很重要的。

海鞘具有五種味道（甜味、鹹味、鮮味、酸味、苦味）和海味。新鮮的海鞘是沒有任何氣味的，但因為保鮮不易，所以可以感覺到海洋的臭味。雖然沒有針對海鞘的香氣成分進行的調查研究，但若不喜歡海味的話，第一步必須先設法去除這個氣味，並參考其他活用海味的料理。比方說，和奶油一起煮也是有效的方式。酸味和苦味會讓甜味、鮮味和油脂的感覺變弱，像是將香草的香氣移轉到蔬菜白酒湯中加熱，或是將香菜和大蒜奶油以類似法式焗蝸牛那樣烤到散發出香氣等，都可以抵銷原來的味道。

設計新菜色的時候，新穎性和熟悉度之間的平衡是很重要的。新的食材搭配傳統的烹調方法；若是慣用的食材就搭配新的烹調方式，這是基本原則。對用餐者而言，即使是新奇的食材，若是熟悉的料理方式的話，就會想要嘗試看看。雖然海鞘是大家已經很熟悉的食材但卻不討喜，這種狀況下，捨棄沿襲法式料理的前菜形式，透過平常熟悉的日式料理，用不同的烹調方式讓用餐者耳目一新，就能化身為令人驚豔的料理吧！

Q 065

依據肉的部位有不同風味

雞腿肉和雞胸肉，豬里肌和腰內肉等，為什麼同樣都是肉，卻因為部位不同而有口味上的差異？

我們平常食用的去骨生肉，是動物的主要肌肉（骨骼肌）部位。肌肉的構造是肌肉纖維呈現束狀被肌內膜包裹住，每一束肌束外側被一層結締組織包住，稱為肌周膜。然後許多肌束再被肌外膜包覆（請參考第257頁）。這些膜被稱為結締組織，主要是由膠原蛋白纖維組成。肌肉的脂肪組織分布在這些膜之間，依據不同部位含有的比例也不同。結締組織是動物為了對抗重力而發展出來的，因此體型比較大的牛，結締組織就會比雞的還要硬。尤其是前腿肉等承受重力的部位結締組織很硬，可以認定是膠原蛋白纖維比較多之處。由於肌肉是動物支撐身體和順暢動作之用，所以每個部位的功能性都大不相同，構成要素也完全不同。

肌肉中含有各式各樣的胺基酸，屠宰後因為酵素作用導致肌苷酸增加，然後隨著時間而逐漸減少。豬肉中大腿肉的麩胺酸這項鮮味胺基酸，比里肌肉高出一．五倍之多，其他胺基酸也明顯比較多，可見這兩個部位在鮮味程度上有著很大的差異。[54]至於讓人感覺到鮮味的核酸是肌苷酸，雖然在豬肉的大里肌和小里肌沒有差異[55]，但若是雞肉的話，大腿肉和雞胸肉相比，雞胸肉會比較多一點，肌苷酸的減少速度也是大腿肉比較快[56]。這些成分的差異不只發生在燒烤等直接烹煮食用的時候，製作高湯時也會有品質上的落差。

全世界的肉食文化中，個別部位的使用方式都受到細部檢驗，但是肉食歷史長久發展至今，各部位的分類方式也越來越細，配合個別特徵，在處理方式上也有較多元的規定。

Q
066

和牛的香氣

所謂的和牛香是什麼？其他國家的牛肉就沒有那種香氣嗎？

將和牛肉（黑毛和牛的肉）進行熟成之後，會產生兩種對日本人而言愛不釋手的香氣。[57]其一是宛如牛奶般香味的「生牛肉熟成香」：處於含氧環境下，在紅肉與油脂共存的部位，透過產生這種香味的細菌作用後出現。據說，這種細菌是經常存在於牛肉中的低溫細菌，是非病原性的細菌。這種生牛肉熟成的香氣在加熱之後就會消失。另一種則是類似甘甜油脂香氣的「和牛香」，將高度交織著脂肪的和牛肉切成薄片後，放在含氧環境下數日，再以80℃加熱之後產生的香氣。大家可以回想一下在火鍋裡涮熟和牛肉時的香氣。和牛的香氣中含有內酯類，與散發椰子或桃子香氣的香氣成分有關，進口牛肉很少含有上述這兩種香氣，因此可以說這是和牛獨具特色的風味[58]。

Q 067

抑制豬腥味的方法

不喜歡豬肉的「腥味」，請告訴我原因和處理對策！

豬肉獨特的味道成分，包括了糞臭素和脂質氧化後產生的過氧化脂質[59]。糞臭素是即使只有微量，依舊會讓人感覺不舒服的成分，存在於豬肉的脂肪組織內，[60]它在豬的消化系統中透過微生物產生，也會受到飼料和飼養環境影響。脂質氧化這個過程在某種程度上可以讓豬肉變好吃，但是過度氧化的話就會散發出讓人感覺不舒服的味道。

在豬肉料理方面，設法遮蔽這些味道並抑制脂質氧化是很重要的，一直以來人們都會使用香草和香料進行處理。在豬肉進行水煮的研究中顯示，如果加入的是切片的薑，並將生薑和老薑抗氧化力進行比較實驗，可得知生薑抗氧化力比較強[59]。至於大蒜的部分，切片或是切碎之後放置的生大蒜幾乎不具任何抗氧化力，但是使用微波爐加熱或水煮加熱，或是將加熱炒過的大蒜和生薑同時使用的話，比起單獨使用生薑，抗氧化力則會有所提升[61]。

生薑與大蒜併用，對水煮豬肉的抗氧化力造成的影響

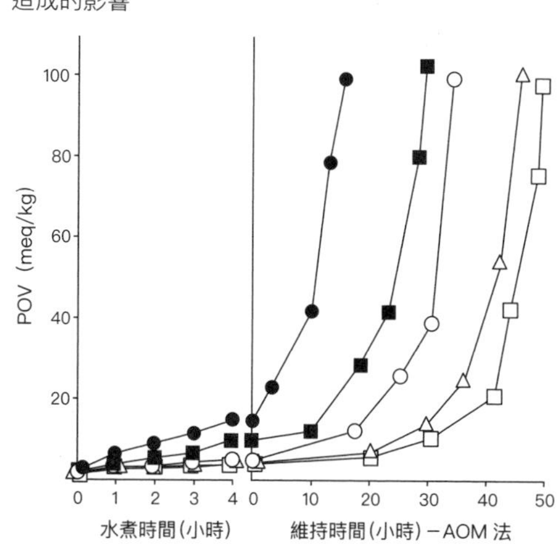

○：生薑添加豬肉（對照）
●：熱炒3分鐘的生薑添加豬肉（對照）
△：生薑＋微波加熱2分鐘後均質化的大蒜添加豬肉
□：生薑＋水煮加熱30分鐘後均質化的大蒜添加豬肉
■：熱炒3分鐘的生薑＋熱炒均質化的大蒜

出處：中村まゆみ、河村フジ子、ラードの水煮におけるショウガの抗酸化力について（第3報）ニンニク併用の効果、日本家政学会誌, 1996, 47巻, 3号, p.237-242

Q 068

羊肉的特徵

羊肉可以和牛肉使用同樣的料理方式嗎？

羊肉，包括成年羊的羊肉和小羊的羔羊肉，由於帶有獨特的羊羶味，無法讓所有人廣泛接受。為了遮蔽這些氣味，法式料理會使用迷迭香或百里香等香料，而中華料理和中東地區則會使用孜然之類的香料來調理。

羊肉獨特的羊羶味，主要成因來自於4-乙基己酸和4-甲基辛酸這兩種支鏈脂肪酸。[62]也有研究指出，可以透過熟成方式降低血的氣味，然後增加新鮮的青草味，或是類似油脂的香氣。[63]

因為羊肉的脂肪酸中，熔點很高的硬脂酸（熔點：69.3度）含量比牛肉還要多，導致脂質整體的熔點升高；羊肉大約是44～55℃，比牛肉的40～50℃還要高，所以烹煮時必須提高加熱溫度。但羊肉肌纖維蛋白質的變性溫度和牛肉一樣都是58℃左右，導致理想的火候溫度區間比牛肉更小，廚師們普遍認為料理羊肉時火候的控制相當困難。因此依據不同料理，事先使用食鹽或食用油進行醃漬，能有更好的效果；即便加熱時間過長，肉質也不會變硬。

在帶骨里肌羊排中加入大蒜、迷迭香和百里香，一邊使用湯匙將平底鍋中累積的油脂澆在肉上，一邊慢慢地加熱

Q
069

何謂野味？

有人請我用捕捉到的野鹿和山豬製作料理，讓這類野味變好吃的祕訣是什麼？

野味指的是透過狩獵方式取得的野生鳥獸的肉，在法國將它視為高級食材食用。在日本，即使是在肉食被視為禁忌的年代，還是有稱為「山鯨」的野豬肉火鍋存在，而且在很早以前就已經有過食用野豬的記錄。

這類野味在烹調時最重要的事情，就是一定要完全煮熟[64]。因為是野生動物的關係，包括寄生蟲感染、腸道出血性大腸桿菌、E型肝炎等造成食物中毒的風險性相當高，所以絕對要避免生食。

日本每年十一月十五日到二月十五日之間開放民眾狩獵。近年來基於各種因素，野生的鳥獸類過度繁衍，甚至出沒在與人類棲息地重疊的區域，導致農作物遭受破壞，杉木和檜木等樹木的樹皮遭啃食等災害，驅逐獵殺野生動物的狀況也因此增加。

日本農林水產省也協助建置包括加工處理設備的整備、商品開發、販售、市場通路的確立等，製作並發布衛生管理和品質管控的相關指引，並舉辦技術研修。[65]

法式料理中，通常會讓鹿肉和野豬肉熟成之後，透過牠們本身具有的消化酵素分解肌纖維蛋白質作用，在鮮味增加之後再使用。日本的研究顯示，鹿肉真空包裝後在3℃的環境下熟成十一天，麩胺酸有非常顯著的增加。[66]不過由於野味是野生的關係，誘餌的影響可能導致風味無法控制。但另一方面，野味獨特的香氣深具魅力，使用香草和辛香料的話，可以更進一步提味增添食材的魅力。

Q
070

分解與再重組

想製作類似炒蛋和茶碗蒸的料理給對雞蛋過敏的小朋友，該怎麼做比較好？

過敏症狀嚴重的時候有可能會造成生命危險，因此必須完全排除所有可能造成過敏現象的東西。近年來，過敏患者有逐漸增加的趨勢，對於不含過敏原的食品需求大增，日本許多新創企業開發出不使用蛋製作的美乃滋和蛋糕。其中最重要的不是單純針對蛋的整體來考量，而是針對機能面做分解，思考之後再重新構築起來。以科學的思考模式來說，就是分解成要素之後，再以各自最適當的方式重組恢復（再構築）的意思。

蛋本身具有以下各種不同的機能，包括「乳化」、「凝固」、「凝膠化」、「增黏」、「連結」、「保濕」、「發泡」、「抑制結晶化」、「抗菌」等。想製作什麼食品的時候，先思考其具有著什麼樣的機能，然後著重於重現這些機能。

以做出炒蛋為例，透過加熱讓蛋白質凝固，可以感受到蛋的風味，接著再讓它變成口感蓬鬆軟嫩的料理。所以我們可以考慮使用加熱後會凝固的蛋白質，鎖定蛋的風味（蛋白部分含有硫黃的香氣成分）然後再補強、添加香味，這就是很好的策略。

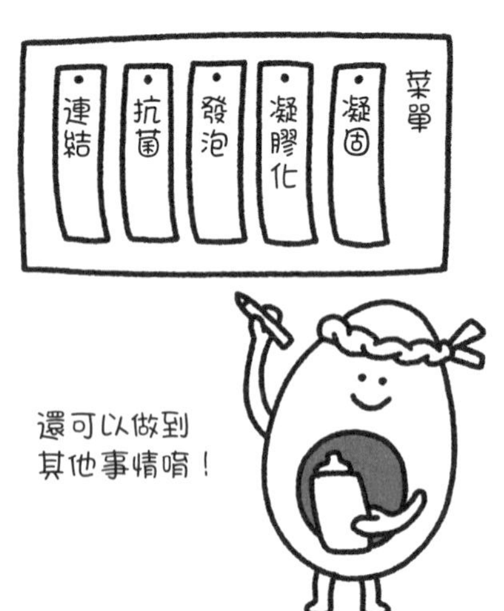

Column

4

何謂「活用食材的味道」？

無論是哪一種食材，都有一些特別突出的特徵，它有可能是味道、香氣、口感等訴諸於五感的東西。料理中，讓人感受到這些食材的特徵是最重要的。因為所謂的料理，就是要能讓人盡情體驗食材的味道啊！

耐人尋味的是在「活用食材」的方法論中可以發現，這方法依據料理類型而有所不同。日本料理有將食材中的浮沫、苦味、不好的味道等去除掉的處理方式，認為強調食材本身原有的特徵是很重要的。然而在法式料理中，浮沫也被視為特徵之一，透過和油脂或香草等做搭配，品嘗食材所有的味道也很常見。法式料理具有將食材分解之後再回到盤子上的概念，比方說，將羔羊這個食材的骨頭烤過之後取得高湯，再利用高湯做成醬汁，最後將它與烤好的小羔羊肉搭配在一起，就等同吃到完整的羔羊，就是這樣的概念。我們也可以將它解讀成是「活用食材」的方式。

Q 071

水的影響

水質的差異會對料理的味道產生影響嗎？

日本料理被稱為水的料理，而其他領域的料理當然也都很重視用水。水是影響料理成品的基本要素，尤其是硬度依不同國家和不同區域而有差異，料理也會因此受到影響。

水的硬度是依據鎂和鈣的含量而定，可以分成「調理科學」方面的影響，以及造成「水本身的味道」的影響。

就高湯來說，水質特別會對昆布高湯造成影響。因為鈣質會和昆布表面名為海藻酸的多醣體結合，產生果膠之後會抑制昆布的吸水狀況[67]。但是對於昆布的鮮味成分麩胺酸的析出，並沒有造成太大的影響，所以人們轉而探討是否因為鎂的苦味造成了影響[68]。

西式料理的牛肉湯底，撈除浮上來的浮沫可以避免油脂氧化；讓湯汁變乾淨是很重要的，其中不只是水的硬度，鈣質和鎂的比例也會造成影響。[69]鈣質硬度到一千左右為止，濃度的影響比水的硬度影響更大，鈣質越多則產生的浮沫就越多。但是當鎂的比例增加時，反而可以抑制浮沫產生。[70]若使用礦泉水來烹煮，不只是水的硬度，連鈣質和鎂的個別濃度也都必須事前確認過比較好。

針對蔬菜的水煮食物，研究顯示馬鈴薯使用硬度較高的水煮比較不容易糊掉[71]。這是因為鈣質導致果膠這個細胞壁接著物質硬化，抑制澱粉糊化的關係。

使用調整過的礦泉水（礦物調整水），牛肉湯底每1g肉的浮沫重量

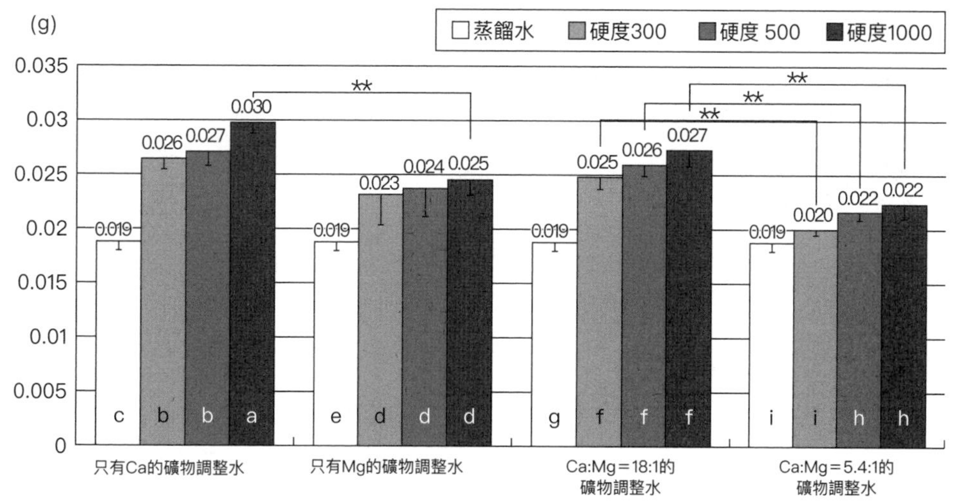

同一種礦物調整水的柱狀圖中不同英文字母之間存在顯著性差異 $p<0.05$
**: $p<0.01$存在顯著性差異

出處：三橋富子, & 田島真理子. (2013). 水の硬度がスープストック調整時のアク生成に及ぼす影響、日本調理科学会誌, 46(1), 39–44

Q
072

水的特性

水本身是沒有味道和氣味的嗎？水還有什麼樣的特徵呢？

當沒有其他物質溶解在水中的時候，我們不會感覺到任何味道或香氣。只有在實驗室中才會使用科學裝置製作純水，甚至是更佳精製的超純水。雖然也有研究報告指出超純水帶有極微量的苦味，但是理由不得而知[72]。所謂的礦泉水，指的是將鎂和鈣等金屬離子溶解到水中，金屬離子濃度較高的是硬水，濃度較低的就是軟水。

雖然水不具有任何味道和香氣，但是可以溶解各種不同的物質，這可是一項很重要的特徵。水為什麼可以溶解各項物質，是因為水H_2O由兩個氫原子和一個氧原子組成，原子之中有正極和負極之分，我們稱之為「極性」。因為味覺物質具有極性，所以味覺物質可以溶解於水中。

另一方面，油是沒有極性的，這就是水和油無法混合的原因。此外，由於香氣物質有很多都沒有極性，所以大部分都可以溶解在油裡面；反之，沒有極性的香氣物質由於無法溶於水中，立刻就會揮發掉。比方說香草茶中的香草香氣，因為無法溶解在水中的香氣物質有很多，且立刻就揮發掉，所以我們很難感受到。反而是透過梅納反應的香氣和燻製的香氣，因為也有可以溶解在水中的香氣成分，所以讓香氣溶入水中的「高湯」才得以成立。

具有極性唷！

水分子

正極和負極
相互結合之後
溶入水中

Q 073

碳酸的效果

氣泡水很好喝，但是碳酸揮發之後就變得很難喝，為什麼會這樣呢？

日本國內販售的氣泡水是添加了甜味、酸味和水果味等香料的碳酸水。如果碳酸消失，換句話說，就是溶入飲料中的二氧化碳消失的話，很多人會因為太甜而無法喝完。碳酸呈現弱酸性，本身具有酸味。氣泡水就是透過碳酸和酸味劑產生具有酸味的狀態，才能決定剛剛好的甜味。因為酸味本身具有減弱甜味感覺的效果[73]，所以當碳酸消失之後，酸味變弱破壞了平衡，甜味的感覺因而變強。除此之外，碳酸也有讓人感覺冰涼的效果，去除碳酸的話飲料就會感覺溫溫的，變得更難喝了。

順帶一提，喉嚨裡面有一個名為喉上神經的神經組織，可以感知喝入口中的物質。這個別名水神經的神經組織，能透過碳酸水感受到比水更強烈的刺激，[74]所以含有碳酸的飲料可以比水更快達到止渴效果，就是這個原因。

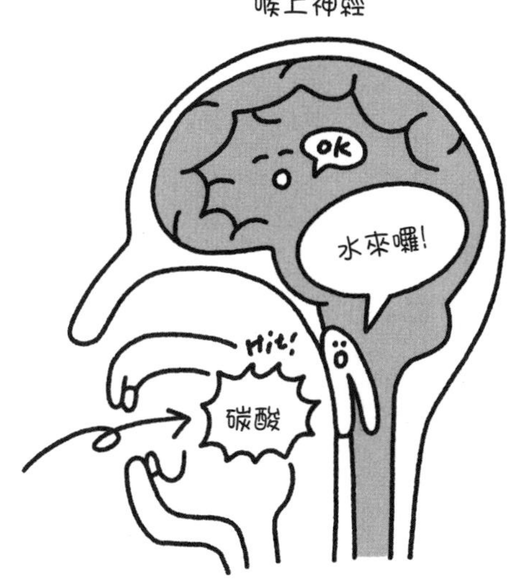

Q 074

脂溶性的香氣、水溶性的香氣

聽說香氣是脂溶性的，但泡茶和之後再煮沸的時候都有香氣散發，這是為什麼？

食材中含有的香氣成分確實是以脂溶性（容易溶解於油中，不容易溶於水中）的居多，但是並非所有香氣成分都是脂溶性，也有水溶性的。大部分的食品會同時擁有這兩種香氣成分。

所謂茶的抽取物，指的是將茶葉中含有的味道成分和香氣成分移轉到水中的意思。關於香氣部分，雖然水溶性的香氣成分可以溶於水中，但是脂溶性的香氣成分無法溶於水中，很容易揮發掉。

泡茶瞬間聞到的香氣，可以將它解讀成「感覺到無法溶於水中的香氣成分」。比方說，上等煎茶的高雅香氣成分中含有Cis-3-hexenyl caproate，它幾乎完全不溶於水[75]。可溶於水中的香氣成分雖然很難直接揮發掉，但卻會因為進入口腔的瞬間受到衝擊而在口腔中揮發。可以將它理解成是在進入肺部之後，會在鼻腔後方感受到的香氣。茶煮沸之後，溶解在水中的香氣成分理所當然地蒸發了，但是溶解度比較高的香氣成分還是會殘留下來。因為香氣成分有所不同，煮沸時的香氣也會與剛開始沖泡時的香氣不同。

正因為香氣成分也有水溶性，所以才會有「高湯」這樣的東西存在。高湯是將鮮味成分抽取到水中的產品，香氣成分包括梅納反應的香氣成分和燻製的香氣成分，因為很多都是水溶性的，所以才能透過這些成分讓香氣維持在高湯中。

烹調與味道、香氣

非加熱烹調／高湯／加熱烹調／
調味料／油脂／辛香料

Q 075

切菜方式的影響

依據不同的切菜方式，食材狀態會產生何種變化？

使用菜刀時的刀法技巧，可以分成碰觸食材的刀刃與砧板平行，菜刀垂直向下往前方輕壓切斷的「直刀法」；一邊向前方推一邊切的「推刀法」；將菜刀往自己的方向拉回來的「拉刀法」等。

使用直刀法*和推刀法切洋蔥進行比較的研究結果顯示，比起推刀法，直刀法在切斷時施加的力道多了50％，導致切斷面的凹凸比較大[1]。因此也讓洋蔥水分流出量變多，組織遭到破壞導致辣味產生酵素發揮作用，辣味似乎也會因此變強。考量對洋蔥細胞的影響，拉刀法也和推刀法一樣，都是比較不會破壞洋蔥細胞的下刀方式。

這裡要表達的，並不是哪一種刀法比較好，而是依據目的選擇合適的刀法是很重要的。比方說要將洋蔥切碎，推刀法切出來的洋蔥會比較脆而且也保有水分，下鍋炒比較不容易燒焦。但是如果再將它以直刀法切得更細的話，因為細胞遭到破壞導致水分容易流失，炒的時候水分將更快速減少，也就會比較快上色。

＊這項研究中，將菜刀的刀刃與砧板保持平行，快速垂直落下的切法稱為「直刀法」。

直刀法和推刀法造成洋蔥切斷面的差異

直刀法

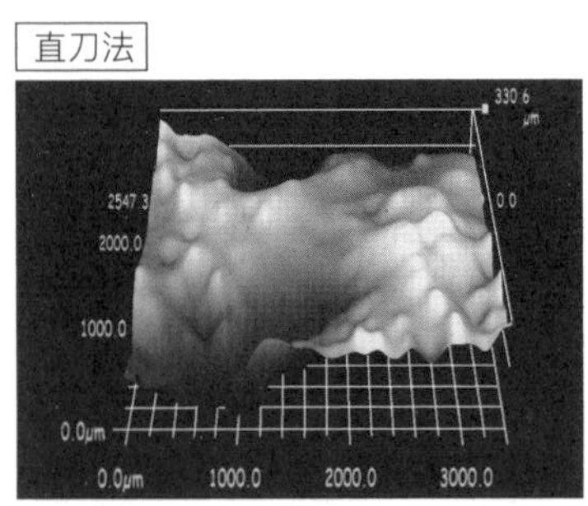

推刀法

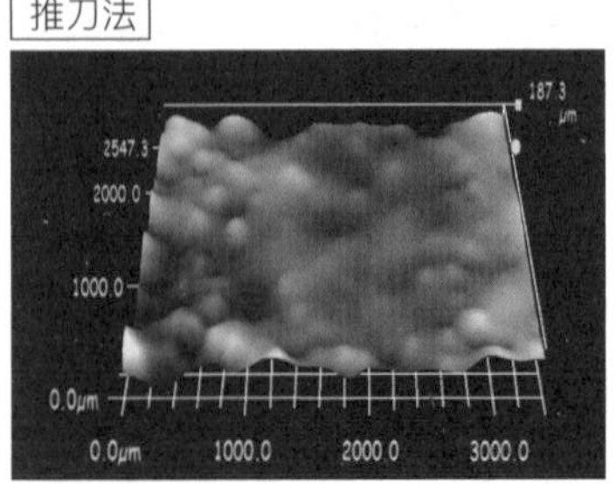

出處：関佐知、清水徹、福岡美香、水島弘史、酒井昇、切断操作が及ぼす食材へのダメージ評価、日本食品科学工学会誌，2014，61巻，2号，p. 47–53

Q

076

活用酸味和香草

夏天要如何做出餘味很清爽的料理？

炎炎夏日，總會想要吃一些清爽的料理。所謂的「清爽」有很多不同的解讀方式，在這裡指的是味道不會殘留在口中，也就是不會太過油膩，餘味（吞嚥之後留在口中的味道和風味）不會長時間持續的意思。至於要如何減少油膩料理的油膩感，雖然有一些憑藉過去經驗得出的處理方式，但是並未獲得科學上的具體實證。

要減少餘味，確實可以透過酸味產生清爽的感覺，但實驗結果也顯示酸味會導致鹹味和鮮味的餘味感覺時間一起變短。[2]此外，微弱的酸味會加強鹹味和苦味，而如果是明顯感覺得到的酸味，如此強烈的程度反而會讓甜味和鹹味的感覺變弱[3]。

善用香草也有明顯的效果。尤其是新鮮的香草，因為香草細胞中含有可以當作精油使用的香氣成分，咀嚼後香氣會在口中散開。透過這個方式能讓人更有意識地感受到這股香氣，同時也可擺脫其他的味道和香氣。

Q 077

魚肉的熟成

想招待大家吃自己釣到的魚，最好的方式是釣到立刻做成生魚片嗎？

我認為將自己釣到的魚，趁新鮮的時候殺了做成生魚片的這個行為，本身就具有從準備釣具開始即一直延續下來的「體驗價值」，整套流程也因此有了更完整的體驗，而且趁新鮮時候製作的生魚片口感Q彈有嚼勁，也非常好吃。然而取出內臟並將魚肉切成片狀放入冰箱中冷藏之後，雖然口感不至於到黏糊糊的程度，但還是會變軟到只剩下少許的嚼勁。這是因為肌苷酸和麩胺酸等鮮味成分開始作用，將魚肉變成與新鮮的時候完全不同的風味，這種狀態變化就是熟成。

魚肉的熟成時間會依據不同魚種而有差異，大部分只要半天到一天左右就足夠了。和牛肉或豬肉一樣，**ATP**（三磷酸腺苷）分解成肌苷酸，蛋白質則被分解成胺基酸。因為這些成分增加，導致鮮味也跟著增強。如果單純只看肌苷酸的話，鮪魚死後即使過了二十天依然保有肌苷酸，但據說扁口魚在死後只能維持二至三天，鯛魚則是死後第一天左右就是肌苷酸含量最多的時候。

在京都吃到的鯛魚是在明石等地捕捉到的，鯛魚當場處理之後運送到京都，當天晚上就可以送達。提供給店家的時候，剛好是鮮味最強烈的時間點。順帶一提，因為柴魚死後肌苷酸會立刻減少，所以要製作柴魚片的話，必須在柴魚剛釣上岸的時候就立刻煮熟、停止酵素活性，這樣才能夠確保肌苷酸不會流失。

Q
078

醋漬之前先鹽漬

為什麼魚肉在泡醋之前，要先泡過鹽水呢？

將生魚肉用醋浸泡的料理（醋漬），在歐美是用鯡魚類來做。在日本則是鯖魚、小鯛、鰆魚、青花魚（壽南小沙丁魚，是鯡魚的一種）、沙丁魚、鯡魚等，都會使用這種料理方式。日本關西地區稱為「生壽司」（きずし）的料理，就是以醋漬魚做成的壽司，用醋醃漬後，魚肉顏色會變白、變硬且變脆，也變得容易咬斷。

不過，魚肉用醋浸泡時，如果沒有事先泡過鹽水的話，魚肉會膨潤而失去嚼勁。[4] 這是肌凝蛋白這種魚肉蛋白質的性質導致的結果；肌凝蛋白的特性是處在pH 4以下的環境時，當鹽分存在的時候是不溶性的，但是當鹽分不存在的時候就會溶解。所以使用鹽水浸泡不只是單純為了讓魚肉脫水而已。可是若只浸泡鹽水的話，會導致鹹味過重，所以有時也會改用砂糖先讓魚肉脫水。但如果之後還要泡醋的話，就要改用鹽否則就會膨潤，這點務必注意。

鹽漬和醋漬的鯖魚重量變化

只有醋漬時的重量變化

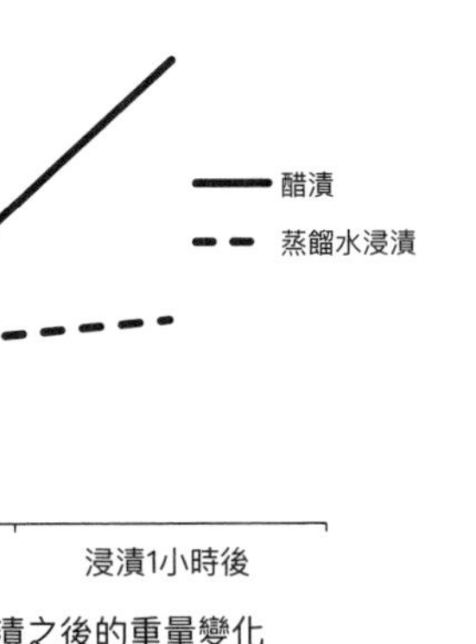

鹽漬的鹽分濃度不同導致醋漬之後的重量變化

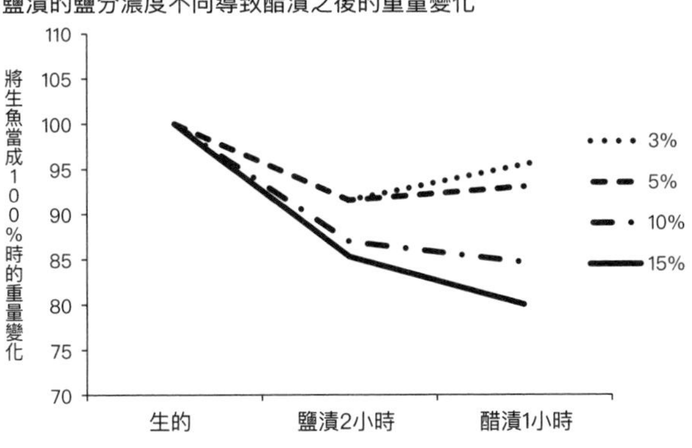

出處：下村道子、酢漬けの魚肉の調理、調理科学、1986、19巻、4号、p. 276-280，由作者進行彙整

Q 079

醋漬鯖魚的調理科學

如何製作好吃的醋漬鯖魚？

連結福井和京都的「若狹街道」也稱為鯖街道，因為是運送從日本海捕獲的海鮮類前往京都的物流路線而聞名。在那個只能仰賴徒步方式運送的時代，運輸需要花上一整天的時間，所以人們會將捕獲的鯖魚抹上一層厚厚的鹽，再運往京都。將鹽去除之後泡在醋裡面，還能夠進步提升保存性，這就是醋漬鯖魚（しめ鯖）。到了現代，因為已可以在京都買到新鮮的鯖魚，所以鹽漬時間一般大約三至四個小時就夠了。

當魚肉接觸到3％以上的鹽，重量就會減少。[5] 這是因為在魚肉表面上會形成高濃度的食鹽水，濃度比魚肉的滲透壓還要高，使魚肉脫水的關係。隨後，因為鹽分也進入到魚肉裡面了，鹽分濃度會從表面開始逐漸升高。現代人不喜歡鹽分濃度太高，所以也會先灑一些砂糖讓它脫水。砂糖也具有脫水能力，但是使用同等重量的砂糖，脫水能力還是比鹽來得差，[6] 味道也很難進入到魚肉裡面，所以用砂糖的話，不至於太甜，又可以達到脫水的效果。

用鹽浸漬不只有脫水這個目的而已。如果沒有確實泡鹽，就直接泡醋的話，會導致蛋白質的親水性增加，魚肉會吸收大量水分而膨脹。這麼一來魚肉就會變得鬆垮，這是肌肉中的肌凝蛋白這種蛋白質的性質造成的結果。（參考第113頁）

在一項實驗中，分別使用鯖魚重量的3％、5％、10％、15％的鹽，鹽漬的時間依序以兩小時、六小時、十二小時、二十小時進行比較，發現3％鹽的話不管浸漬時間多久都會太軟，10％的時候浸漬十二小時以上會變得太鹹，15％則是連表面都過度鹽漬[7]。

鹽漬之後再醋漬的話，雖然表面附近的鹽會溶解到醋裡面，但其他部分則會更加滲透到內部，讓整體味道平均化。

此外，醋漬鯖魚具有獨特的口感，不只是變硬，感覺也很容易碎掉。[8] 除了酸會導致肌纖維蛋白質硬化變性之外，酸性也會促使分解蛋白質的酵素運作，導致肌肉纖維分解，讓肉質變得容易碎裂。不過像這樣表面容易分解，中心部位還殘留生鮮口感的狀態，才是最獲大家認定、喜愛的醋漬鯖魚。

食鹽量與時間導致鯖魚不同肉層的食鹽濃度

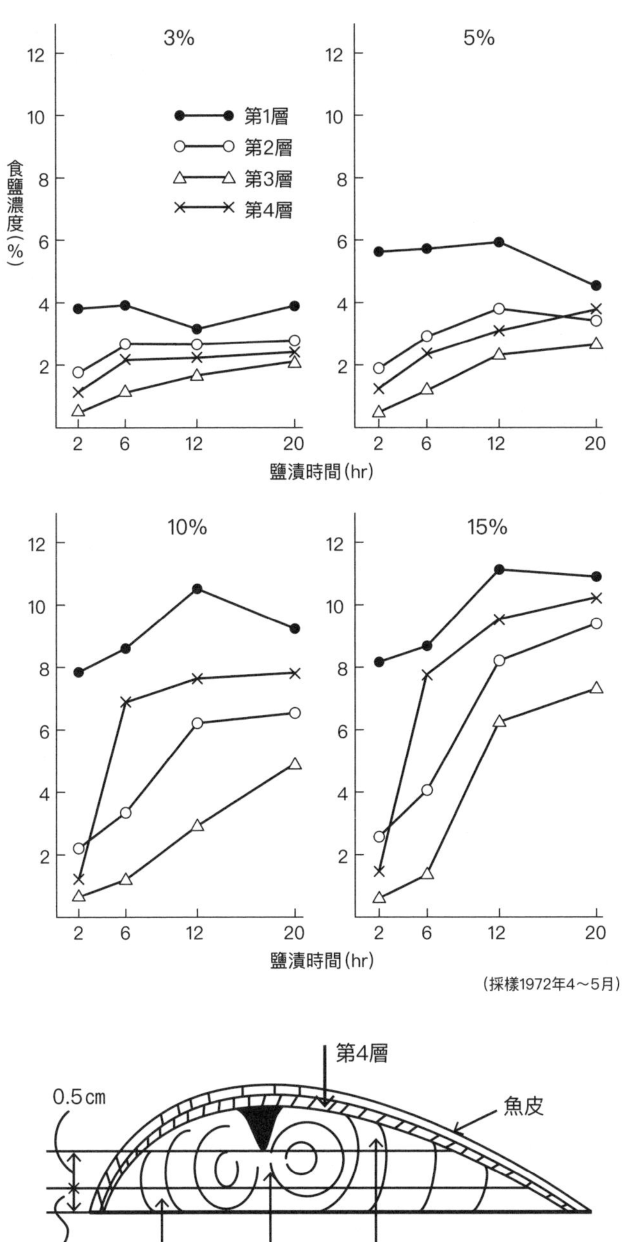

出處：下村道子、島田邦子、鈴木多香枝、板橋文代、魚の調理に関する研究しめさばについて、家政学雑誌、1973、24巻、7号、516-523

Q 080

昆布漬的作用

使用昆布漬會讓食材產生什麼樣的變化？

昆布漬是將生的魚肉切片之後，透過與乾燥的昆布接觸，進行適度脫水，同時也讓昆布的鮮味成分麩胺酸移轉到食材上，這是日本料理的烹飪技術。大多使用在白肉魚等口味較清淡的魚肉上。

因為昆布是乾燥的，與切成薄片、露出細胞狀態的魚肉接觸後，昆布的成分會溶解在魚肉表面微量的水分中，讓水分成為味道濃厚的液體。因為這個液體的滲透壓比魚肉細胞內部水分的滲透壓更高，所以水分會從魚肉帶出而被昆布吸收。持續一段時間之後魚肉的細胞膜會遭到破壞，這次反而是麩胺酸等成分從昆布移轉到魚肉上。此外，魚肉因為水分變少的緣故，肌纖維會擠在一起，變成軟糊的獨特口感。因為昆布的吸水力很高，所以在切成薄片的鯛魚上面灑一些酒也不錯，這樣就可以防止魚肉過度脫水。

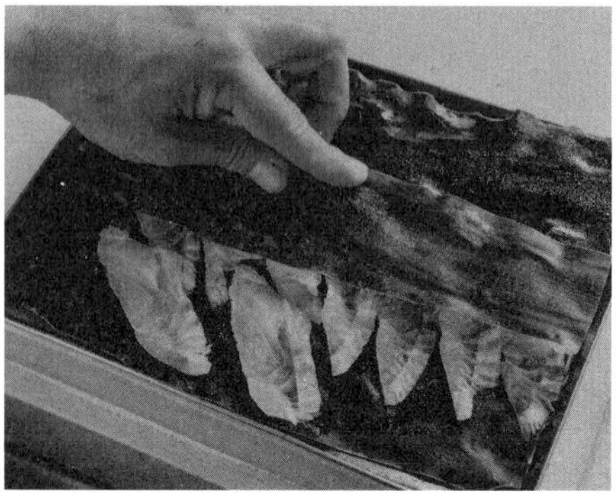

切成薄片的鯛魚可做成昆布漬

昆布漬的作用，以烹飪技術來看是很有深度的，也可以應用到其他食材上。這個方式也可以使用在豬肉料理上，像是法式料理等若想刻意避開昆布風味的狀況，可以將昆布泡在白葡萄酒中，再用烤箱稍微烤一下，引起梅納反應之後風味更佳。

Q
081

利用茶的特性

去除章魚的黏液相當麻煩，難道沒有簡單一點的方法嗎？

章魚表面有一層黏液，一般都會使用鹽巴在前置處理的時候反覆搓洗。但因為需要的時間很長，據說量大的時候，有些地方也會使用洗衣機清洗。一般餐廳也會用鹽搓洗，但是味道很重，是一項很辛苦的工作。

這個黏液的成分是名為黏液素的醣蛋白，動物分泌的黏液中都含有這項物質。這裡有個好方法是利用茶的單寧，單寧具有與蛋白質結合的性質，[9]比方說「植鞣法」的製革技術，就是利用柿子含有的單寧和皮革的蛋白質結合而來。實際上操作就是先使用大量茶葉泡出濃厚的茶，再用它來搓洗章魚，這樣短時間內就能去除黏液了。

茶的單寧含有表兒茶酚和沒食子兒茶酚等兒茶素。這些兒茶素能與章魚的黏液成分結合，輕輕鬆鬆就可以將其去除乾淨。烏龍茶和紅茶、普洱茶等茶的發酵方式，會因為氧化聚合作用導致兒茶素類含量減少[10]，所以用綠茶和日本番茶會比較合適。但是如果香氣會影響到料理的口味，改用沒有進行過發酵熟成，味道適中的普洱茶應該是不錯的選擇。如果感覺苦味和澀味比較重，可能是兒茶素含量比較高，但效果會更好。

兒茶素的蛋白質結合力很強，不過如果搓洗時間太長的話，會連章魚本身的香氣也一起去掉，請務必注意時間長短。

Column 5

何謂發酵？何謂腐敗？何謂熟成？

其實「發酵」和「腐敗」本來就因為飲食文化不同，導致界線曖昧不明。兩者都是透過微生物分解食材中的蛋白質和碳水化合物，但產生人類可以利用的東西稱為發酵，若產生毒性物質的話，就歸類為腐敗。

那麼「發酵」和「熟成」的差異又是什麼呢？透過黴菌、酵母、細菌等方式進行的熟成定義相當廣泛，大致上可以說是「靜置到變成喜歡的品質狀態為止」。熟成可以分成透過蛋白質和碳水化合物的分解酵素進行熟成，有使用紹興酒的梅納反應等化學反應進行熟成，或是威士忌溶於水中等物理反應進行熟成。

發酵指的是，透過「微生物」的酵素分解蛋白質和碳水化合物。微生物為了讓自己容易生存下去，會透過自己製作出來的酵素，分解環境中的食材。比方說味噌、醬油、納豆等，就是微生物的蛋白質分解酵素將大豆蛋白質分解成胺基酸的發酵食品。相較之下，熟成肉則是透過本身具有的蛋白質分解酵素將肌肉蛋白質進行分解。至於赤味噌等透過微生物發酵之後，因為長時間產生梅納反應的緣故，也可以將它稱為熟成。

Q 082

可以用來調味的發酵食品

除了味噌和醬油，還有哪些發酵食品可以當作調味使用，又該如何使用呢？

發酵食品中，使用鹽進行發酵的，原本都是為了食物保存的效果才加。只是在保存過程中，微生物透過蛋白質分解酵素將蛋白質轉化為胺基酸，導致麩胺酸這項鮮味成分的含量增加。作為調味料使用的味噌和醬油都符合上述公式，其他透過分解蛋白質製作的產品，還包括鹽辛、起司、沖繩豆腐糕和中華料理的豆腐乳、鹽漬鯖魚（へしこ）等，與當地風土密切相關的食材很多，很值得深入探討。因為這些產品本身也具有獨特的風味，所以只要切碎之後與其他調味料混合，就可以當成新的調味料來使用，加水帶出成分的話也可以當成高湯。此外，米糠漬和鹽漬等醃漬物，也都可以透過同樣的方式運用。

沒有使用鹽的發酵食品，像是葡萄酒、日本酒和紹興酒等，一直以來都持續活用它的酒精成分、香氣和味道成分，而優格這類乳酸發酵食品，不只是味道和風味，人們也活用它的口感當作醬汁和沙拉醬來使用。發酵食品不管是單獨食用還是與其他食材和調味料做搭配，都可以按照自己的想法靈活運用。所以，不要有先入為主的觀念，多多嘗試各種不同的用法吧！

Q 083

搓鹽的理由

用醋製作涼拌蔬菜的時候，為什麼要先搓鹽？

蔬菜的涼拌料理是透過酸味品嘗蔬菜的料理，不只是將三杯醋（合わせ酢：醋＋醬油＋味醂）和生的蔬菜混合而已。將切成薄片的小黃瓜與三杯醋混合之後放置一段時間，小黃瓜會釋出水分導致味道漸漸變淡，這是因為三杯醋的滲透壓比小黃瓜細胞內水分的滲透壓還要高，所以水分從小黃瓜裡面被帶出來的關係。滲透壓是當細胞膜兩側產生差異的時候，為了達到平衡產生的作用，水分會從滲透壓比較低的那一邊，流向滲透壓比較高的地方。

於是，先將小黃瓜用鹽醃過之後就會出水，之後再加入三杯醋味道就不會變淡，而且搓鹽這個動作會破壞細胞膜，三杯醋也會變得比較容易入味。在先將小黃瓜切成薄片，再添加約小黃瓜總重量1％的食鹽之後搓揉，放置十五分鐘後適度擠壓的實驗中，小黃瓜的重量減少至75％左右，如果確實擠壓的話可以減至50％。[1]而且確實擠壓時，食鹽可以減少至添加量的10％為止，再泡水的話鹽分則幾乎可被去除，所以我們可以說這個鹽分不是為了調味，而是處理食材用的。

搓鹽的鹽分濃度和擠壓方式，導致小黃瓜的重量變化

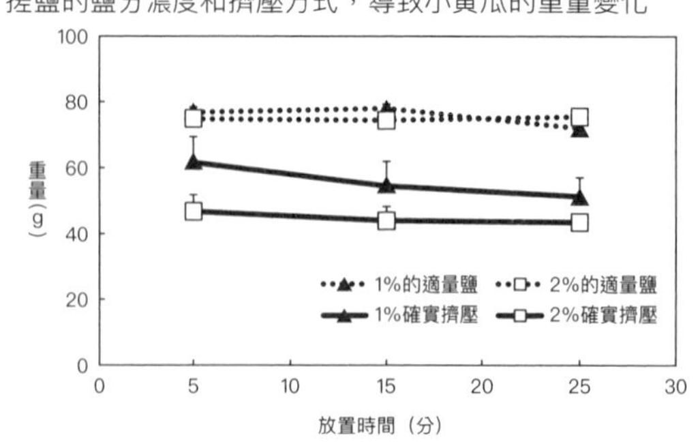

出處：古賀優子, & 林真知子, (2010), きゅうりの塩もみ後の食塩残存率について、西九州大学健康福祉学部紀要, 41, 73–76

Q
084

風乾產生的變化

想要自製風乾蔬菜和乾香菇，風乾之後，風味會產生什麼樣的變化呢？

風乾這項前置處理在世界各地的飲食文化中，以「保存食物」為目的流傳至今。近年來，除了保存目的之外，種類也變得多樣。

關於風乾蔬菜，不只是單純透過水分蒸發讓味道成分和香氣成分濃縮住而已。針對白蘿蔔、胡蘿蔔和南瓜進行的研究結果顯示，白蘿蔔的葡萄糖有很明顯地增加[12]。這是因為白蘿蔔本身擁有的澱粉和寡醣會透過酵素分解，導致葡萄糖這項甜味成分增加。

至於風乾菇類的部分，也有針對香菇進行的詳盡研究。新鮮香菇的鮮味成分是麩胺酸，但是透過風乾之後再還原，就會產生鳥苷酸這種核酸類的鮮味成分。有一點複雜的是，其實香菇本身同時擁有製作和破壞鳥苷酸的酵素，依據風乾的溫度和還原時的溫度，會讓這些酵素的影響強弱（程度）產生很大的差異[13]。首先，在改變風乾時的條件這項實驗中，使用80℃的送風乾燥會比15℃或50℃時，保有更多製作鳥苷酸的酵素，同時也因為破壞酵素失活，所以可以得到含有大量鳥苷酸的乾香菇。

烹煮時泡水讓乾香菇膨潤之後，使用不同上升溫度來加熱，結果顯示，比起一分鐘上升2℃或是4℃的上升速度，以一分鐘上升7℃的速度加熱時，香菇中會蓄積更多鳥苷酸。

乾香菇的還原條件和鳥苷酸生成量

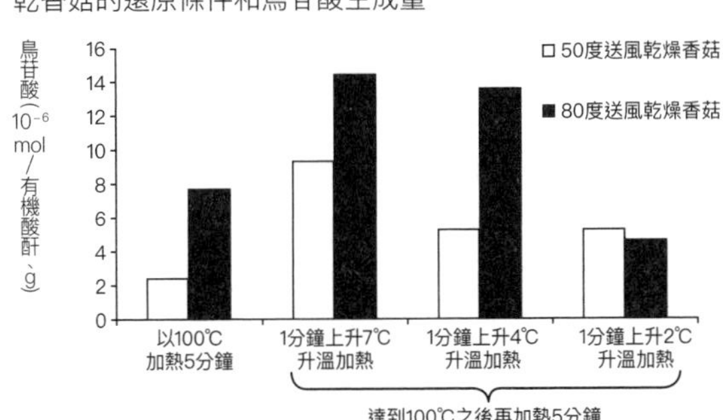

出處：池內ますみ、中島純子、河合弘康、遠藤金次(1985)、しいたけ5'－ヌクレオチド含量に及ぼす乾燥条件および調理加熱条件の影響、家政学雑誌、36(12)、943–947，由作者進行彙整

Q 085

讓肉質變軟嫩的方法

肉類加熱前，讓肉質變軟嫩的前置處理有哪些？

肉類加熱後肉質變硬的原因，主要是因為膠原蛋白這個包覆在肌纖維蛋白質上的結締組織受熱後收縮，導致肉汁被擠出來而不再保有多汁鮮嫩的感覺。此外，肌纖維收縮也是變硬的原因之一。換句話說，為了不要讓肉質變硬，只要有效避免這兩種狀況發生就可以了。

將牛肉整齊排放後，鋪上香料植物和法國香草，接著注入紅葡萄酒進行醃泡，直到蓋過牛肉為止

首先，為了不要讓肌纖維收縮，可以進行物理性的破壞。也就是透過斷筋器等工具，破壞肌纖維和結締組織。

其次，為了提高保水性，利用鹽巴讓肌纖維的鹽溶性蛋白質溶解，使其加熱時凝膠化也是有效的方式。在日本料理中，會在魚肉表面灑鹽巴然後放置一段時間，或是將魚肉泡在含有鹽巴成分的醬油和味噌裡面醃漬，除了讓魚肉有味道之外，同時也可以避免加熱之後導致肉質變硬。西洋料理也一樣，製作火腿和香腸的技術中也運用了透過鹽巴醃漬的技巧。除此之外，只要變成酸性，肌纖維的保水性就會提升，並促進膠原蛋白的明膠化。因此只要浸泡在紅葡萄酒等酸性液體中，即使加熱過後依然可以保持鮮嫩，而且透過在酸性環境下作用的蛋白質分解酵素，肌纖維也會被分解。

另外，浸泡在酸性液體中會讓肉吸水膨脹，但是葡萄酒裡面含有的酒精成分會將水分從肌肉中帶出。也就是說，葡萄酒是一種雖然是酸性卻不會讓肉膨脹，雖然含有酒精卻不至於讓肉脫水的液體。尤其是葡萄酒富含乳酸，具有很強的軟化作用。[14]順帶一提，也有研究報告指出白葡萄酒和紅葡萄酒一樣具有讓肉質軟化的效果[15]。法式料理中的紅酒燉雞和紅酒燉牛肉，肉都是用紅葡萄酒來醃漬的，如果改用白葡萄酒醃漬的話，應該也可以變成風味不同的料理吧？

此外，生薑裡面含有蛋白質分解酵素，除了肌纖維蛋白質之外，也可以分解結締組織的膠原蛋白，所以同樣可以讓肉質變軟[16][17]。

烹飪時使用的酒類讓肉質軟嫩的比較表

	水	味醂	日本清酒	白葡萄酒
水	—			
味醂	ns	—		
日本清酒	ns	ns	—	
白葡萄酒	⋆	⋆	⋆	—
紅葡萄酒	⋆	⋆	⋆	ns

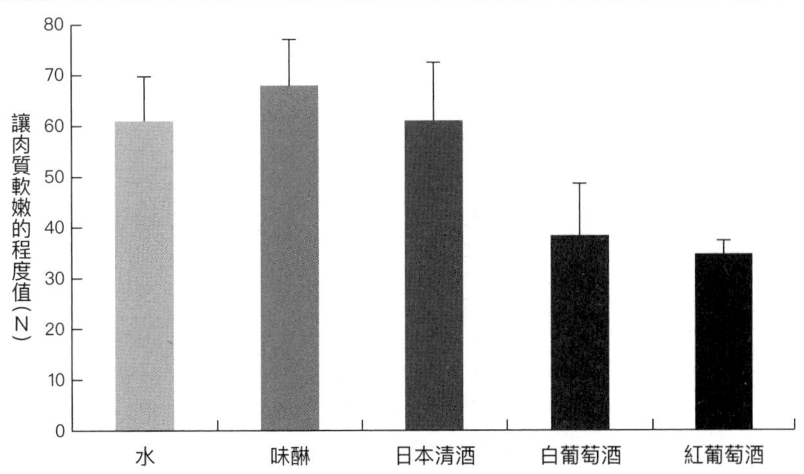

出處：大倉龍起、石崎泰裕、近藤平人、大川榮一＆棚橋博史（2015）、ワインに含まれる牛肉を柔らかくする成分とその評価方法

ns: 沒有顯著性差異、⋆:$p<0.05$

Column

6

何謂鮮味？

鮮味和鹹味、甜味、酸味、苦味一樣，都是用來表現味道本質的單字，又稱為五種基本味道。如同鹹味比較重或是甜味比較重，並不見得必定好吃一樣，鮮味很強也未必一定好吃；還是有最適當的濃度存在。

鮮味常常會被誤以為是「旨味／旨み」，並使用這個單字來標示。「旨味」這個字代表「美味」的意思；相對的，鮮味則屬於基本味道的其中之一。早在明治時代，東京帝國大學的池田菊苗博士就對「何謂昆布高湯的美味度？」這項研究產生興趣，最後歸納出麩胺酸這種胺基酸就是其中的主要原因，並將這個味道命名為「鮮味」。

因為是從昆布高湯中發現的，所以曾有「只有日本人才懂鮮味存在的感覺吧？」這樣的科學性疑慮出現。但是研究也發現，感覺鮮味的受器普遍存在於所有動物身上，表示這跟人種差異沒有關係。這項研究報告是在二〇〇二年才提出的，還是最近的事呢！

麩胺酸與池田菊苗博士

（左）從昆布抽取出的麩胺酸（照片提供：味之素，所有人：東京大學大學院）
（右）池田菊苗博士（照片提供：味之素）

鮮味成分是只會刺激鮮味受器的物質，這項物質僅限於麩胺酸鈉（味精）而已，就像鹹味是氯化鈉的味道一樣。現在，麩胺酸鈉這個鮮味成分可以透過發酵方式在世界各地製作，作為「鮮味調味料」使用。

此外，我們也知道鮮味具有加乘效果。當我們同時品嘗到麩胺酸和肌苷酸，或是鳥苷酸的時候，會強烈感覺到鮮味在作用。而且麩胺酸和肌苷酸混合之後並不會變成別的東西，這是感覺方式的問題。我們不是從麩胺酸和肌苷酸本身感覺到鮮味，而是肌苷酸或鳥苷酸因為麩胺酸和鮮味受器結合時間拉長之後，才強烈感覺到鮮味的緣故。此外，即使單獨品嘗肌苷酸或鳥苷酸也可以感受到鮮味，這是因為唾液中也含有麩胺酸，只要品嘗到肌苷酸或是鳥苷酸時，就會透過鮮味的加乘效果感覺到鮮味了。

針對鮮味的加乘效果的利用方式，該項研究準備了鮮味強度相同的麩胺酸水溶液，以及麩胺酸和肌苷酸混合之後的水溶液進行比較，發現混合之後鮮味的餘味，所需的感受時間比較短。[18] 所以如果將它應用到昆布和柴魚片的高湯中，比起單純使用昆布製作高湯，同時使用昆布加柴魚片的話，就可以透過鮮味的加乘效果製作出餘味相當明確的美味高湯了。

鮮味的加乘效果與所需的感受時間

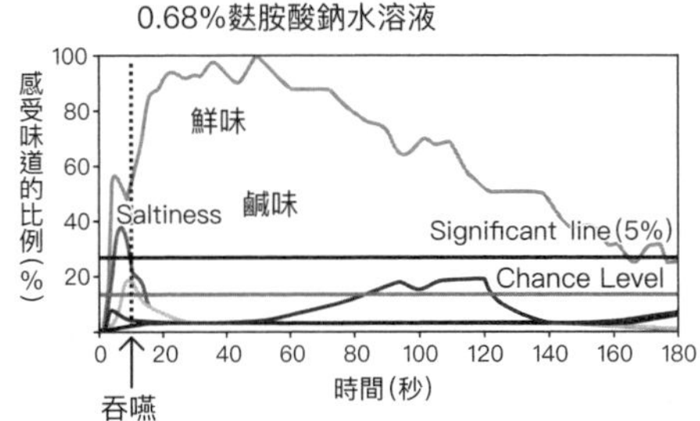

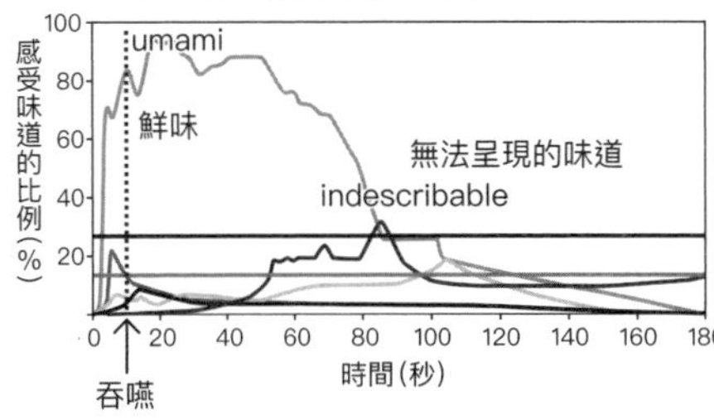

同樣的鮮度強度，單純使用麩胺酸鈉，以及利用鮮味的加乘效果，感受麩胺酸鈉和肌苷酸鈉水溶液的鮮味之後進行比較（TDS法）。在同樣的鮮度強度下，感受鮮味的餘味所需的時間比較短。

出處：Kawasaki, H., Sekizaki, Y., Hirota, M., Sekine-Hayakawa, Y., & Nonaka, M. (2016). Analysis of binary taste-taste interactions of MSG, lactic acid, and NaCl by temporal dominance of sensations. Food Quality and Preference, 52, 1-10

Q
086

為什麼製作高湯時會同時使用昆布和柴魚片？

與鮮味的加乘效果

日本料理中被稱為「一番高湯」的高湯，會同時使用昆布和柴魚片。昆布依據採集的地區不同，可以分成利尻昆布、羅臼昆布、日高昆布、真昆布等幾大類，每一種的鮮味成分麩胺酸含量和香氣成分也有所不同。柴魚片也會因為地區和加工方式不同，導致鮮味成分肌苷酸的含量和香氣成分跟著改變。尤其是加工方式，會因為燻製程度和有沒有發霉等，導致梅納反應的香氣和燻製成分的含量有所差異。

一番高湯會配合製作的料理，決定上述食材的組合搭配，也就是利用同時品嘗昆布的麩胺酸和柴魚片的肌苷酸結合時，所產生的強烈鮮味感受的現象；這個現象稱為「鮮味的加乘效果」。如果只使用昆布想達到強烈的鮮味感覺，必須使用非常大量的昆布，但是搭配使用柴魚片之後，不僅可以減少昆布的用量，也可以讓鮮味的餘味變得更加明確[18]。

基於上述各種理由，一番高湯同時使用昆布和柴魚片，在鮮味和香氣的呈現上可是很重要的。

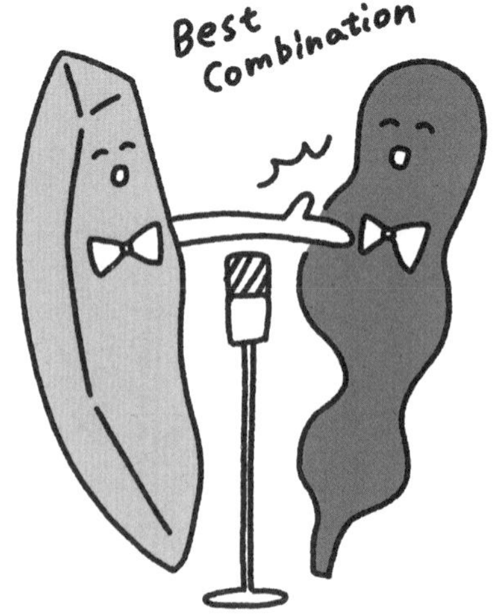

Q
087

思考想做的來搭配

為了取得好喝的高湯，包括昆布和柴魚片的用量、加熱溫度和時間等，都有明確的規定嗎？

如果要單純以鮮味很強的高湯，或是香氣很濃的高湯等方式，來定義「好喝的高湯」是有困難的。比起這些，為了搭配想要製作的料理，選擇使用昆布或柴魚片，再透過溫度和時間的控制決定味道和香氣，這樣的發想才更重要。

昆布的鮮味成分是名為麩胺酸的一種胺基酸，但是昆布本身含有的胺基酸不只有這一種。其他的胺基酸也有它們本來的味道，將這些味道融合之後的味道，才可說是高湯的味道。

麩胺酸等胺基酸是水溶性的，換句話說因為溶於水中，即使溫度沒有上升，只要花一點時間就會溶出。將乾貨之一的昆布泡水還原的同時，有必要找出能最有效率取得昆布組織中的麩胺酸的最佳溫度和時間。基本上，溫度越高的時候，物質的運動越激烈，麩胺酸的溶出速度會比較快，但是也很容易溶出昆布的黏濁成分和腥味成分。

「讓麩胺酸溶出，但是不會讓黏濁成分溶出」的溫度和時間，成為必須思考的課題。有人說以60℃浸泡一小時，但是沒有足夠的研究報告足以佐證這項說法，因此無法一概而論。而且針對柴魚片的部分，削成柴魚片

原則上以60℃一小時為基準

的厚薄度也會導致溫度和時間不同。

另一方面，製作高湯並不是只要決定加熱的溫度和時間這麼單純的問題，昆布的話是以60℃加熱一小時為原則，同時得依據使用的昆布種類，一邊調整一邊確認溫度和時間。柴魚片的抽取時間則是以五分鐘為原則，但厚薄度也要一併評估進去，才會比較精準。

在家中或是一般的餐廳，要測量麩胺酸和肌苷酸的濃度是有困難的。不過昆布和柴魚片中含有這些物質的濃度已被測量出來，因此大致上可以依據個別的使用量和加熱條件，從昆布中含有的麩胺酸，以及柴魚片中含有的肌苷酸的含量，計算出自己製作的一番高湯中麩胺酸與肌苷酸的含量。雖然只是粗略的計算值，不過也可以幫我們大概抓出鮮味的強度，對於掌握理想的一番高湯配方來說，仍多少可派上用場，不是嗎？

Q

088

為什麼要用昆布？

如果可以使用用昆布取得好喝的高湯，改用乾燥的海帶芽或其他海藻也可以嗎？

日本料理的高湯，是將昆布中含有的麩胺酸轉移到水中，我們可以將它稱為取得高湯的調理方式。昆布是特別含有大量麩胺酸的藻類，以真昆布和羅臼昆布為例，量測結果顯示平均每100g就含有3g麩胺酸，利尻昆布則含有2g左右的麩胺酸。相較之下，乾燥的海帶芽每100g之中只有0.005g左右而已。

至於其他的海藻，北歐的學者提出紫紅藻這類海藻中含有麩胺酸，但是含量並不像昆布那麼多。另外，雖然海苔中含有1.4g左右的麩胺酸，但是筆者實際測試的結果，海苔煮過之後會呈現非常深的海苔色，成為香氣非常強烈的高湯。而昆布則沒有那麼重的海藻味，而且鮮味很濃，可以製作出最理想的高湯，現階段也是唯一適合的海藻。

（左）羅臼昆布　（中）真昆布　（右）利尻昆布

Q
089

在國外有時候沒辦法做出好吃的昆布高湯，該怎麼辦才好？

硬水和昆布高湯

無論如何，硬水確實不適合使用來製作昆布高湯，所以混雜一些軟水讓鈣質濃度降低是比較好的方式。

如各位所知，歐洲等地的河川因為水流非常平緩，導致鈣和鎂等礦物質大量溶解在河水中，水幾乎都是硬水。常聽人家說硬水不適合用來製作昆布高湯，那麼在科學方面的實驗結果又是如何呢？

某個研究將昆布放入硬水中加熱，證實鈣質會吸附在昆布表面，因為昆布的海藻酸與鈣質結合，導致在昆布表面產生海藻酸鈣[19]。然而這項結果也顯示，硬水與軟水對於抽取麩胺酸並未造成很大的影響。換句話說，硬水並沒有因為在昆布表面形成海藻酸鈣，而對抽取麩胺酸造成任何阻礙。但另一方面，這樣的差異的確會讓人們在感官評價上有所影響，而且硬水本身帶有苦味和獨特的味道，也有可能對鮮味的感受方式產生影響。

感覺不太
適合耶……
是兄弟就再去
下一間！

目的性不同

為什麼日本料理店用來製作高湯的柴魚片，和烏龍麵與蕎麥麵店的相比，厚度差異這麼大？

薄的柴魚片依據日本農林規格（JAS）規範的厚度是0.2mm以下，日本料理店的高湯常常使用0.02mm左右的柴魚片。這種厚度的柴魚片在幾分鐘之內就可以抽取到高湯，成為日本料理店作為基底使用的柴魚高湯。

另一方面，厚的柴魚片依據JAS規範的厚度是0.2mm以上，日式烏龍麵和蕎麥麵店的高湯大部分都會使用1mm以上厚度的柴魚片。高湯抽取時間會依店家不同而有差異，一般都是加熱數十分鐘以上來進行抽取。

在日本料理店中，柴魚片會用來製作一番高湯。做法是：首先抽取出昆布高湯，之後再加入薄的柴魚片，讓昆布高湯的麩胺酸和柴魚片的肌苷酸產生鮮味的加乘效果。柴魚片的味道成分除了核酸類的鮮味成分肌苷酸之外，也含有大量的胺基酸，但麩胺酸這個鮮味成分很少，幾乎都是帶有酸味和苦味的胺基酸。

日本料理店只希望從柴魚片中單獨抽取出肌苷酸而已，於是他們想到的方法就是使用薄的柴魚片並且縮短抽取時間。如果用60℃加熱一分鐘的話，可以抽取出100％的肌苷酸，但是要抽取胺基酸就需要更長的時間[20]；顯然這個方法並不合適。而且柴魚片具有燻製後的香氣成分和梅納反應的香氣成分，抽取出這些香氣成分也是主要目的。說到柴魚片的香氣特徵方面，也有研究報告指出薄的柴魚片有煙燻味，厚的柴魚片則帶有肉質香氣。[21]因為柴魚片的香氣成分很容易揮發，也有廚師會在上菜前快速地抽取出高湯，透過這個方式強調香氣。

烏龍麵和蕎麥麵店則必須盡可能取得濃厚的高湯，這個液體又稱為かえし，再與醬油和味醂等進行熟成之後的調味料混合後，製作出沾麵醬汁。為了要取得濃厚的高湯，一般認為只要加入大量柴魚片就可以了，但是肌苷酸的抽取量並不會比照加入柴魚片的多寡呈現等比例增加[22]。相對於水的重量，加入5%柴魚片時的抽取量就是上限，之後的做法就是讓它濃縮[23]。某項研究指出，將厚度1.2mm的柴魚片以兌水5.5%的比例使用時，可以抽取出來的所有抽取物成分，在一小時後幾乎能全部抽取完畢，隨後一邊加熱一邊濃縮，最後變成濃厚的高湯。[23]肌苷酸即使加熱也不會分解[24]，濃縮效果越好，鮮味也會跟著增強。

蕎麥沾麵醬汁做成燉煮醬汁的抽取物變化

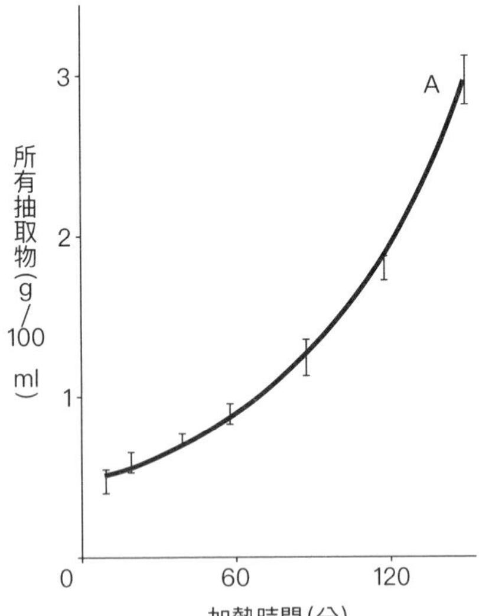

厚切柴魚片的燉煮汁所有抽取物濃度變化

出處：脇田美佳、畑江敬子、早川光江、吉松藤子、(1986)、鰹節煮だし汁に関する研究ーそばつゆ用煮だし汁の長時間加熱についてー、調理科学、19(2)、138–143

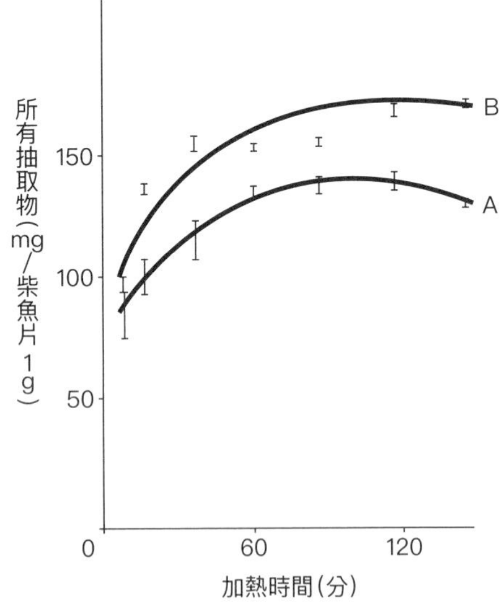

考量水分蒸發後的所有抽取物濃度變化

A：柴魚片每1g換算的所有抽取物
B：防止水分蒸發下調理的柴魚片每1g的所有抽取物

Q
091

乾香菇高湯的訣竅

想用乾香菇製作好吃的高湯，請問該怎麼做才好？

乾香菇的鮮味成分，來自於名為單磷酸鳥苷這種核酸成分。與肌苷酸一樣，因為會與麩胺酸這種胺基酸同時感覺到，所以能產生加乘效果，加強鮮味的感覺。

單磷酸鳥苷可以透過乾香菇中，含有用來製作單磷酸鳥苷的酵素進行製作。這種酵素存在香菇蕈傘內側的皺褶表層內，在中性環境下約60℃左右為止都具有作用[25]。但在蕈傘上方的表層內，也有著分解單磷酸鳥苷的酵素存在，所以必須特別注意才行。分解單磷酸鳥苷的酵素在中性~弱鹼性的環境中，超過40℃就會壞死，所以只要加熱到40℃以上就能夠破壞這種酵素。

因此，抽取高湯的時候要將皺褶面向下浸泡在水中，讓香菇充分吸水並讓酵素好好產生作用之後，再加熱到40℃以上，就可以讓製作單磷酸鳥苷的酵素充分發揮作用，獲得含有大量單磷酸鳥苷的乾香菇高湯了。

至於烹煮的條件是，以每分鐘上升4℃的速度緩慢升溫是比較合適的，如果用微波爐這類快速加熱的方式，會很難產生單磷酸鳥苷。其他像是泡的水的pH值要控制在6.5左右，所以不要在泡水的時候添加蔗糖和食鹽，要調味的話，在加熱過程中添加比較恰當等[25]。

蕈傘向下泡在水中，讓它充分吸水

Q
092

抽取貝類高湯，可以運用其他食材的鮮味產生加乘效果嗎？

貝類高湯的鮮味成分是琥珀酸，琥珀酸不是胺基酸，而是一種有機酸。但是到目前為止，尚未取得任何琥珀酸可以讓人感覺到鮮味的決定性證據。分析抽取高湯之後的文蛤，只剩下微量的琥珀酸，至於味道成分方面，琥珀酸是否真的對味道有所貢獻，也有學者認為仍有重新評估的必要性。但近年來也有研究報告指出，琥珀酸確實可以讓人感覺到鮮味。[26]

因為已經有研究證實，琥珀酸不具有麩胺酸和肌苷酸之間的加乘效果，[27]所以無法期待加乘效果帶來的作用。高湯如果只用貝類製作，感覺鮮味不足的話，可以煮久一點讓味道變濃，同時使用昆布也是不錯的方式。在一份針對文蛤高湯的研究中發現，牛磺酸這種沒有明確味道卻可以讓其他味道增強的胺基酸，以及丙胺酸這類甜味胺基酸，占了所有胺基酸的七成左右，除此之外也含有麩胺酸。[28]文蛤高湯持續加熱十分鐘以上，琥珀酸會有非常顯著的增加，所以在抽取高湯的時候加熱十分鐘以上會比較好。[28]至於文蛤的部分，也有研究報告指出抽取完畢後，將蛤肉放置在空氣中的話琥珀酸會增加，尤其是在夏季時更為明顯。[29]

但重要的是，實際上抽取到的貝類高湯是否真的具備高湯的機能，個人認為還是應該從味道上進行判定。

文蛤潮汁*的加熱時間與琥珀酸濃度

*潮汁：海產魚貝類加天然粗鹽製作的湯汁

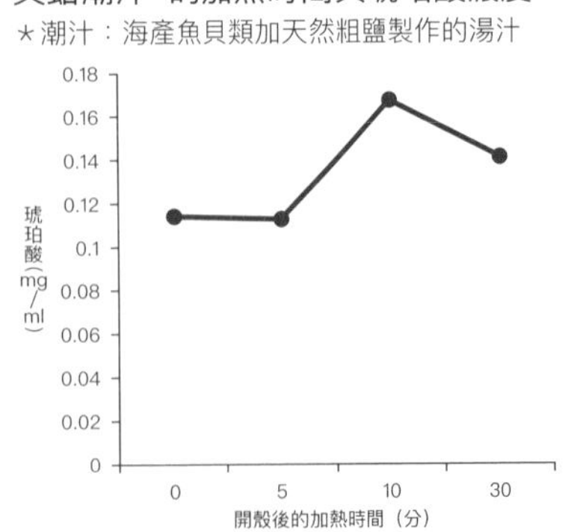

出處：山本由喜子, & 北尾典子, (1993) はまぐり潮汁の游離アミノ酸濃度と味覚に及ぼす加熱時間の影響科学、26(3), 214–217 作者進行彙整

Q
093

活用香氣來補足鮮味

使用螃蟹殼、蝦殼和魚骨等熬煮，還是沒辦法取得好喝的高湯，該怎麼做才好？

所謂「好喝的高湯」的條件，我認為必須同時具備鮮味和香氣才行。動物性高湯的鮮味成分，基本上來自於肌肉細胞內含有的胺基酸，以及動物死後ATP（三磷酸腺苷）的能量物質透過酶促反應產生的肌苷酸。使用螃蟹和蝦子的殼，以及魚骨等製作出來的高湯，如果只是單純熬煮的話，只能期待從肌肉細胞中取得的微量鮮味成分而已，無法獲得很濃厚的鮮味。

談到骨頭，骨髓的主要成分是脂質，雖然含有以造血幹細胞這種以血液為基礎製作的細胞，但因為脂質的氧化能力很強，比起味道，更可以產生獨特的香氣。此外，螃蟹和蝦子的殼也會依品種差異而有所不同，但均含有所有海產類共通的胺基酸和醛類，所以只要用烤箱烤，或是使用平底鍋乾煎，就會散發出加熱後獨特的香氣。

透過上述內容可知，使用螃蟹和蝦子的殼或魚骨製作高湯的時候，在活用香氣的同時，如果感覺缺乏胺基酸等鮮味成分，建議可以使用魚蝦的肉或是昆布來進行補強。

日本囊對蝦的頭和外殼，加入昆布後取得高湯

Q 094

高湯的必備條件

想研發新的高湯，請問應該以什麼方向來思考做法比較好？

日本料理使用的一番高湯，是透過昆布和柴魚片製作而成。可以用來製作高湯的其他素材包括小魚乾、飛魚、乾香菇等，這些都是從以前就會使用的方法。據推測，以前的人可能是將各地可以取得的食材，透過當時的技術進行乾燥加工後一直發展到現在。當中被發現能更有效率地抽取高湯，讓風味出眾的材料及方法就這樣留存了下來，所以我們不必過於拘泥固定的烹調模式，而應該順應時代變遷選擇更適合的高湯素材，透過現代的技術進行加工也是不錯的方式。

評估日本料理會使用的乾貨高湯素材時，可以先試著思考高湯素材的必備條件是什麼。考量高湯所扮演的角色，讓一些味道成分，可以的話也盡量讓鮮味成分、甜味成分，以及香氣成分都溶解到水中，會是比較好的方式。甜味成分方面，以蔬菜高湯為例，如果只使用胡蘿蔔等糖分比較高的食材的話，就只有甜味而已，為了補強鮮味，也必須追加昆布和白蘿蔔等麩胺酸含量較多的食材。

其他類型的高湯也有不同的做法提醒和參考。在法式料理中，小羔羊料理會使用羔羊的高湯來調味（或是叫fond de veau的小牛高湯等，以原汁風味居多），將這樣的想法運用在日本料理中應該也不錯。比方說以昆布做為湯底，加入日本龍蝦的蝦殼製作高湯，再用它來搭配日本龍蝦的料理。

含有大量鮮味成分的食材

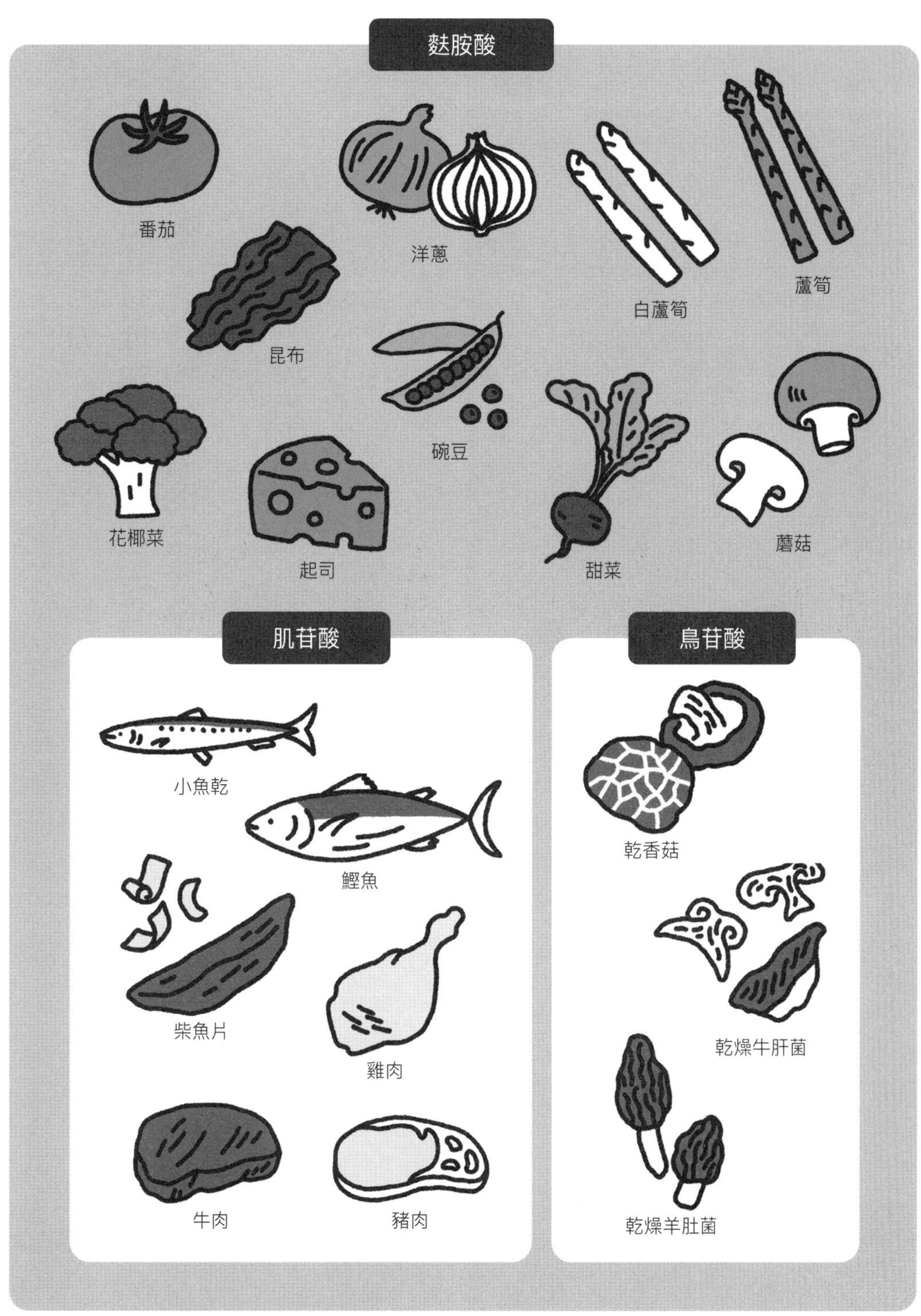

使用「うま味Information Center Home Page」的圖例製作而成

Q
095

共通點和不同點

法式料理和中華料理的高湯，與日式料理的高湯有什麼不同？

法式料理會將生的肉，或是烤過的肉與蔬菜一起放入水中加熱，製作名為Bouillon或是veau的原汁。依據使用的肉和蔬菜種類而做不同的運用，比方說，用小牛的骨頭製作的fond de veau，某種程度上可以作為共通的醬汁材料。耐人尋味的是，以這個fond de veau作為湯底，也可以製作出其他肉類料理的醬汁。例如加入烤鴨（canard）骨頭，製作叫fond de canard的鴨肉原汁，也是像這樣的不同變化。法式料理有將素材分解之後「擺回餐盤」的概念，所以很多鴨肉料理的醬汁都會使用fond de canard，或是再透過葡萄酒燉煮的方式增添濃厚的風味。

中華料理也是，將生的肉和蔬菜一同加入水中加熱煮成湯，依據地區和等級不同，使用的材料和製作方式也會不同。用在上等料理中的湯頭會加入大量的雞肉或是豬肉，另外也會使用金華火腿等食材製作濃厚風味的高湯（上湯）。

至於日式料理的高湯，基本上會使用柴魚片和小魚乾、昆布等乾貨進行抽取。與法式料理和中華料理的高湯比較的話，共通點都是讓麩胺酸和肌苷酸等鮮味成分溶解到水中，以及加熱後透過梅納反應產生的誘人香氣等。

不同點首先是鮮味部分，日式料理的高湯是以昆布的麩胺酸為主，目的是透過與柴魚片含有的肌苷酸結合後產生的加乘效果，然而法式料理和中華料理的高湯則是透過從動物的肉抽取出來的多種胺基酸和肌苷酸感受到鮮味。此外，針對香氣的部分，日本料理的高湯是以柴魚片製作過程中產生的梅納反應的香氣成分，以及燻製的成分為主；法式料理的高湯則是肉類的胺基酸和蔬菜的糖類反應後產生的梅納反應香氣，加上從洋蔥等得到的硫化合物香氣，肉類脂肪氧化後的香氣成分也是主要特徵。中華料理的高湯則是肉類的胺基酸和青蔥含有的微量糖分反應後產生的梅納反應香氣，青蔥的硫化合物和生薑的香氣等都是主要的特徵。

烹煮過程方面，法式料理和中華料理都是將生的食材在廚房加熱，濃縮之後製作出鮮味和香氣成分，但是日式料理則是透過生產者製作昆布和柴魚片，鮮味成分的濃縮和加熱反應（梅納反應）都是委託外部執行，在廚房只有進行抽取這個動作而已。換句話說，日本料理的高湯看似很容易取得，其實必要成分的取得，花費了很長的時間。

歐式料理和日本料理的高湯製作過程差異

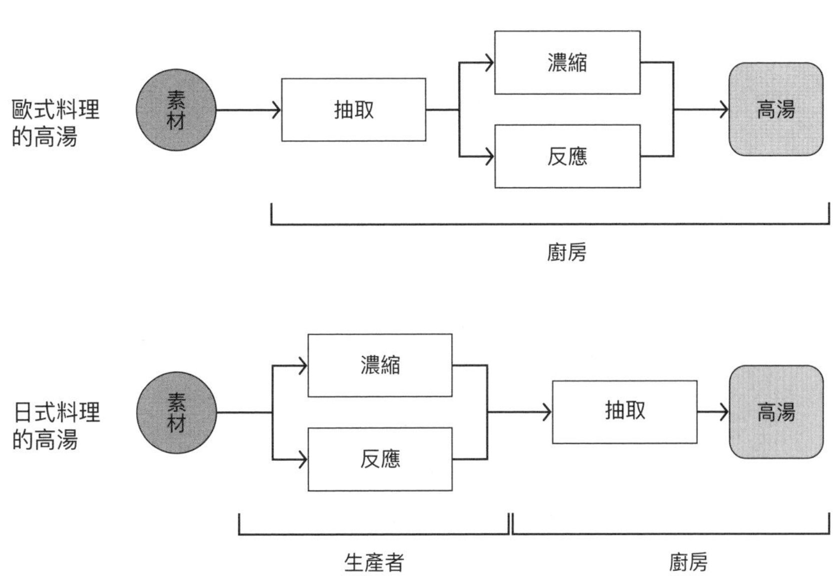

Q 096

到最後一口都好吃

椀物應該如何考量主要湯料和高湯之間的平衡？

日本料理中的湯品「椀物」，在懷石中被認為是最重要的一道料理。椀物的基本要素包括椀種（主湯料）、吸地（高湯）、青菜、吸口等。吸口會讓人感受到季節性的香氣，同時具有遮蔽魚腥味等味道的功能。通常使用日本花椒和柚子皮等，將椀物的魚肉氣味和吸地裡微量的柴魚片腥味都遮蓋掉，並強調出椀種和吸地的風味和鮮味。椀種以海鰻和海鮮製品（真薯）這類動物性的食材居多，食用的同時，從椀種到吸地傳來的鮮味、鹹味和香氣成分，都讓風味變得越來越強烈。最初含在口中的吸地，從第一口開始就必須達到某種程度的美味要求，但如果味道太濃，喝到最後會感覺很膩，所以必須考量椀種本身的性質，來決定吸地的濃度。

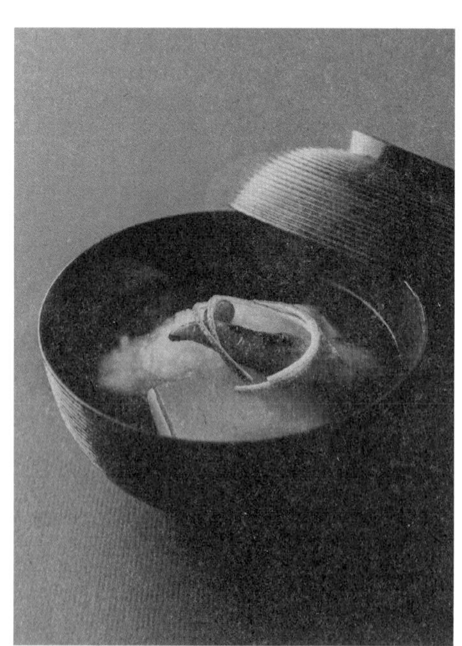

鰻魚和冬瓜，搭配萬願寺唐辛子的椀物，上面以青柚子和酸梅肉裝飾

Q

097

製作法式清湯時，為什麼加入鹽巴會比較容易美味呢？

不是滲透壓的關係

據說，使用雞肉和蔬菜製作法式清湯的時候必須加入粗鹽，這是利用滲透壓可以比較容易取得清湯的緣故。但是為了活用滲透壓，就必須在食材中加入鹽，讓包含胺基酸在內的水分等流出到食材之外。換句話說，如果不是加入比食材本身的水分濃度更高的食鹽水，高湯所需要的胺基酸等就不會從食材裡面流出。然而通常加熱到超過60℃的話，肉類的蛋白質就會變性而擠壓出肉汁，即使是鹽分很低的淡水也足以製作高湯。那麼，為什麼一直以來製作法式清湯時都建議必須加鹽呢？那是因為品嘗製作完成的法式清湯時，湯裡含有鹽分所以更能夠感受到鮮味。換句話說，製作法式清湯時，不論是一開始就加鹽，還是後來（品嘗味道之前）才加，鹽能達成的效果並沒有什麼不同。

加入雞骨頭和辛香料一起燉煮，取得法式清湯

Q
098

設計高湯的風味

想嘗試自己製作拉麵的湯底，使用哪些食材進行搭配比較好呢？

拉麵的湯頭可以分成使用鹽，或是含有鹽分的醬油和味噌等調味料製作而成的「醬汁」（かえし），以及將食材用水煮過之後取得的「高湯」。比方說，將「醬油醬汁」和「雞骨高湯」混合之後就會成為醬油口味的湯頭；將「醬油醬汁」和「豚骨高湯」混合之後就成為豚骨醬油風味的湯頭。醬汁和高湯的乘法可以排列組合出無窮盡種類的各式湯頭，也彰顯出著拉麵的多樣性。

醬汁的部分，含有鹽或是有鹽分的發酵調味料中，主要會使用醬油和味噌，風味方面則是與任何一種高湯都能夠搭配。

針對高湯，則使用能夠抽取出鮮味成分的食材，補足醬汁本身不足的鮮味。如果醬汁使用含有大量麩胺酸的醬油或味噌，高湯選擇使用富含肌苷酸的動物性食材，例如柴魚片或是小魚乾、雞骨或是豚骨，就可以透過鮮味的加乘效果讓鮮味的感覺變強。不管使用哪一種概念的高湯，依據上述方式設計高湯的風味是很重要的。使用很多種高湯的素材，將各種風味充分混合，食材原本的特徵就會逐漸消失。這狀況稱為混合抑制，刻意想要達到這種狀態也是可行的。相反的，如果要讓雞肉、豬肉、魚肉的特徵更明確的話，單獨使用這些食材，並且搭配辛香料來減少腥臭味，這樣的方式也不錯。

日本拉麵聞名全世界，料理的多樣性更加有所要求。例如基於宗教上的理由無法使用豚骨等，也有只使用蔬菜來製作湯頭的需求。蔬菜裡面含有許多蔗糖和葡萄糖等一般甜味成分，相對的鮮味成分麩胺酸很少，所以像是麩胺酸含量較高的番茄和白蘿蔔等，都是很好的高湯素材。關於這樣的考量，未來應該會變得更加重要吧！

Q 099

煎牛排的觀察

煎牛排的訣竅是什麼？

牛排看起來很簡單，但其實是一道相當困難的料理，當中有很多必須學習的料理基本知識。首先從成品的狀態來看，表面需具有適當的鹹味和鮮味，尤其確實產生梅納反應是很重要的。當浮現在表面的肉汁透過蒸發進行濃縮之後，會讓鮮味變得更強烈，透過梅納反應產生的香氣成分，也是焦香味的香氣基礎。

中心部位的熟度則可依據喜好調整。法式料理中也有bleu這種幾乎是生肉的狀態，如果是rare半熟左右的話，至少中心部位必須要超過40℃。生肉放進口中咀嚼並不會產生肉汁，也不會有鮮味。因為胺基酸這種鮮味成分的原料，存在於肌肉細胞中水分形成的凝膠狀物體裡，要透過加熱導致蛋白質變性之後才會被擠壓出來，並產生含有鮮味的肉汁。

（左）單面確實煎到上色之後再翻面
（右）中心部位煎到半熟的程度，有很漂亮的橫切面

要煎出美味的牛排，就必須用高溫引發梅納反應，讓肉的表面形成薄膜鎖住肉汁，同時中心則要保持半熟狀態（除非要煎至全熟），這也是煎牛排為什麼被視為相當困難的原因。要實現上述狀態，有著多種不同的方法可供選擇，請根據自身的廚房條件來做評估。

比較薄的肉用大火加熱，短時間就煎熟了

那麼，首先來看用平底鍋煎牛排這種最基本的方式吧！不管用哪一種方式煎，在煎牛排之前，必須先將肉「回復常溫」，但是照理說牛肉不可能放置在室溫狀態下保存，所以這裡提到的「回復」，本身沒有什麼特別的涵義，只是說明回到常溫狀態而已，而且先讓肉的溫度回到常溫，也是為了降低「只有牛排表面有熟但是裡面是生的」這樣的失敗機率。

針對煎牛排的方式，厚度1cm左右的肉會用大火快速煎過表面（法式料理中稱為saisir），或是單面用大火煎過產生梅納反應，另一面則稍微煎到變色的程度，接下來就利用餘溫讓肉變熟。

如果是厚度2cm以上的肉，通常會使用比較厚重的鑄鐵平底鍋加熱至高溫狀態，並加入大量的油之後再將肉放進去煎。因為平底鍋的溫度不會降低，肉的表面會確實產生梅納反應，也因為鍋子不容易降溫，所以肉和平底鍋之間產生的水分會被蒸發掉。煎的時候平底鍋的溫度對於牛排表面的煎色，也就是梅納反應，會造成很大的影響[30]。將兩面都煎過之後，再用鋁箔紙包起來以餘溫靜置加熱。若要半熟（rare）的話，中心溫度要上升至50℃為止，時間要大概抓一下比較好。這個手法是為了「讓煎好的肉休息」，法式料理中稱之為reposer。最後再將表面煎到溫熱程度，散發出焦香就完成了。

針對煎肉的方式，像是烤雞之類的，也有多次頻繁進出烤箱的烹飪方式，但是要加熱肉的內部，就只能從表面將熱能傳導進去而已，而且如果持續加熱的話，肉接近表面的部分會過熟。為了避免這種狀況，讓熱能傳達到內部就是reposer的目的之一。透過這項原理，將牛排等肉類在平底鍋上反覆翻面，一邊煎一邊慢慢地讓中心的溫度上升，也是一種方式。記得必須在最後用大火煎過，讓表面確實產生梅納反應而散發出焦香味。

關於煎肉時撒鹽的時機點。首先，當肉還是生的狀態下先灑鹽，放置一陣子之後表面的鹽會溶解成為濃厚的食鹽水，透過滲透壓的作用讓水分從肌肉細胞帶出。隨後鹽分會滲透到肌肉細胞中，讓鹽溶性蛋白質溶解，這時即使加熱也會維持保水性。但是在法式料理中，這是用在熟食冷肉（火腿或熱狗）的處理方式，比較不會使用在牛排和烤肉上。依據不同地區的烹飪習慣，當表面加熱結束之後，或是在牛排煎好之後，再撒鹽當作調味也不錯。

Column 7

何謂梅納反應？

食品變成咖啡色的褐變反應，可以分成「酵素性」褐變反應和「非酵素性」褐變反應。酵素性褐變反應指的是透過酵素產生的褐變現象，比方說，蘋果切開之後表面會變成咖啡色，就是透過蘋果細胞內含有的酵素作用造成的。

與酵素作用無關的非酵素性褐變，又可以分成「焦糖化反應」和「梅納反應」（也稱為羰胺反應）。焦糖化反應是糖加熱分解後變成褐色的反應；砂糖加熱的時候，剛開始不會產生氣味，隨後香氣會逐漸變濃，顏色也會轉變成為咖啡色，這就是焦糖化反應。人們原本會用caramelliser這個烹調用語來表示焦糖化反應，但是因為烘焙師和專業廚師都會使用這個詞彙，因而產生了誤解。專業廚師使用的caramelliser，大部分指的都是梅納反應。

所謂的梅納反應，是將葡萄糖和果糖、乳糖等屬於還原糖的糖類，與各種胺基酸和蛋白質透過加熱等方式結合的反應。即使溫度很低還是會緩慢地進行反應，例如赤味噌就是以兩年的釀造時間進行了梅納反應；取得法式高湯時的褐變，也是因為產生梅納反應的關係。

透過梅納反應產生的成分，統稱為梅納反應生成物。梅納反應生成物的特徵是呈現咖啡色，具有香氣還帶有些許苦味。容易引發梅納反應的食材，包括含有葡萄糖的味醂、含有果糖的蜂蜜、含有果汁和麥芽糖的麥芽，以及含有乳糖的牛奶等；砂糖（蔗糖）則不會引發梅納反應。

梅納反應與焦糖化反應，包括氣味的成分和本質上都有所不同。從葡萄糖和各種胺基酸反應後產生的氣味這項實驗結果顯示，胺基酸的種類與加熱溫度不同，導致氣味的本質產生很大的差異。因此「即使以同樣溫度和時間加熱，只要食材的成分不同，就會散發出不同的香氣。」而事先理解這個狀況，是非常重要的。

促進梅納反應的條件包括溫度、pH值（參照第212頁）、水分含量等。加熱溫度越高越容易產生反應，10℃以下的話幾乎沒有作用。當溫度上升10℃時，反應速度就會增快三至五倍，表面溫度在150至200℃的時候就會上色。pH值3.0以上也是必要條件，中性或是鹼性狀態下容易發生作用。至於醃製食品的部分，當水分維持在10至15％（水活性0.65至0.85），那些「中間水分食品」的乾貨很容易產生作用。

梅納反應是一種非常複雜的反應，反應的全貌尚未明朗化。至於梅納反應生成物包括：水溶性的茶色物質、加熱後可以感覺到香氣的物質、呈現出苦味的物質等，有各式各樣的物質。幾乎所有的食品和調味料中都含有糖和胺基酸，所以食品加熱之後如果變成咖啡色，幾乎可以認定都是梅納反應引起的，並且在美味度呈現方面扮演了重要的角色。

梅納反應生成物的香氣成分中，似乎含有相當多水溶性的物質，「高湯」之所以香氣豐富就是這個原因。用鍋子烹調肉類和蔬菜時，鍋子裡面會附著一層梅納反應生成物。用水或是白葡萄酒溶解梅納反應生成物之後燉煮的手法，在法式料理中稱為**déglacer**。梅納反應就是這樣以各種方式活用在全世界的飲食文化中。

Q
100

何謂煎香？

煎香指的是味道嗎？煎香和燒焦的差異是什麼？

利用熾熱的鐵板煎牛排的時候，生肉接觸到鐵板的部位會變成茶色，散發出誘人的焦香味。但是如果煎過頭的話，就會變成黑色，散發出苦味，也就是所謂的燒焦了。這一連串的反應，就稱為梅納反應。

如果以科學的角度解釋，葡萄糖和果糖、乳糖等稱為還原醣的糖類，還有各種胺基酸和蛋白質，在高溫狀態下產生了加熱反應。焦香，指的就是發生梅納反應的時候，產生的梅納反應生成物，是人們透過各種不同的香氣成分感受到的香味。

梅納反應會隨著溫度越高反應速度越快，當溫度上升10℃的時候，反應速度會變成三至五倍。如果梅納反應進展過度的話，就會產生統稱為「類黑精」的物質，變成大家口中說的燒焦了。因為燒焦後會散發出苦味，所以判斷在哪個階段停止加熱就變得格外重要。

焦香味撲鼻的烤肉

Q 101

活用特徵進行烹調

如何將牛的腰內肉煎得好吃？

跟里肌肉相比，腰內肉因為水分比較多，脂肪和結締組織比較少的關係，非常軟嫩就是它的最大特徵[31]。肌肉（骨骼肌）可以分成快縮肌纖維（白肌）和慢縮肌纖維（紅肌）兩種，收縮速度快的肌肉以快縮肌纖維居多，而需要持久力的肌肉則是慢縮肌纖維比較多。肌肉本身的美味度，會因為是快縮肌纖維或慢縮肌纖維的影響而有所不同。慢縮肌纖維中含有肌紅素，因為從血紅素接收氧氣，氧氣蛋白質比較多的關係所以呈現紅色。有研究指出，腰內肉的部位就是因為這種慢縮肌纖維的關係，導致胺基酸的含量也比較多[32]。換句話說，腰內肉的特徵就是煮熟之後很軟，而且即使脂肪比較少，鮮味卻很濃。

曾有一項研究，將剛剛從4℃狀態下的冷凍庫中取出的2cm厚腰內肉，在鐵板上透過各種不同溫度和時間進行實驗與模擬計算後，算出了理想的加熱溫度和加熱時間。[30]研究結果顯示，如果想要達到中心溫度55℃（半熟）的話，鐵板溫度必須達到180～200℃，煎兩分鐘之後翻面，再煎3分10秒是最好吃的狀態。這項實驗跟之前提到的方式不一樣，煎之前不但沒有先讓肉的溫度回溫至常溫左右，煎好之後也放在溫熱之處離火靜置，所以執行時會有條件上的差異。此外，因為腰內肉的脂肪很少，結締組織也很少，所以可加入大量奶油，這種一邊淋上加熱至出現泡沫的奶油一邊煎烤的手法，又稱為「油淋法」（arroser），表面不至於過熱，又可以輕易地提升中心溫度。

Q 102

抑制肉質變硬的效果

帶骨的肉，煎好之後感覺非常好吃！煎的時候有骨頭真的會有影響嗎？

煎肉這件事看起來是很單純的動作，其實以科學現象來說，發生了各式各樣的反應。肌肉是由肌纖維和結締組織構成；肌纖維也被稱為肌肉細胞，纖維很長且形成束狀；上面包覆的結締組織是由膠原蛋白組成，結締組織就像黏膠一樣，將肌纖維彼此與肌纖維和骨頭之間連結在一起。這些部位的組成都不同，當溫度上升時會各自產生變化，所以才說煎肉是很困難的。

當我們煎肉的時候，最不想面對的失敗就是「肉質變硬」這件事對吧？在日本，因為食用牛肉的歷史比歐美國家來得短，所以會事先切成薄片調理，這樣即使加熱過度依然可以食用。另外，日本還透過肥育法，飼育出富含肌內脂肪肉質（霜降肉）的牛隻，讓肉質軟嫩的牛肉變得相當普遍。

歐美國家大部分都習慣食用紅肉，但是紅肉如果煎過頭就會變得很硬。煎肉變硬有兩個階段，首先是超過60℃左右的時候，包覆在肌纖維上面的結締組織膠原蛋白會萎縮而讓肌纖維受到壓迫，與肌肉蛋白質的細胞結合的水分就會流到細胞外，以肉汁的形式流出來。由於肌肉整體收縮導致密度變高，所以肉質會感覺比較硬。這個時候如果有骨頭的話，由於有結締組織讓肌纖維連結在骨頭上頭，所以收縮就會受到抑制，某種程度上可說骨頭具有抑制變硬的效果。

但若溫度更進一步上升的話，肌纖維蛋白質會因為變性後凝固的關係，讓肌肉細胞變得比較密，連結在骨頭上面的肌肉也會某種程度上變硬。到這種程度時，結締組織的膠原蛋白會溶化成為明膠，導致肌肉與骨頭分離。

Q
103

煎熟成肉的祕訣

想要將熟成肉的牛排煎得很好吃，需要注意哪些事情呢？

在煎熟成牛排的時候，用大火煎烤表面（法式料理saisir）時很容易燒焦，因此火的溫度要比平常還要低，煎的時間也必須縮短。

牛肉熟成可以分成放入低溫熟成庫中，吹風乾燥同時進行熟成的乾式熟成，以及真空包裝後，進行熟成的濕式熟成。共通的結構是，在屠宰後長時間放置於低溫環境中，讓ATP（三磷酸腺苷）這種驅動身體的能量，透過酵素作用變化為鮮味成分之一的肌苷酸。肌肉中含有的蛋白質分解酵素會發揮作用，將肌纖維的蛋白質分解成胺基酸，導致鮮味增加。覆蓋在肌肉上的膠原蛋白也會分解掉而讓肉質變軟，差別在於，乾式熟成肉會因為脂質氧化而產生獨特的堅果香味。而無論是哪一種熟成方式，都會讓肉中的胺基酸含量增加，尤其乾式熟成肉中的水分較少，能更容易進行梅納反應。

正在進行乾式熟成的熟成庫；針對溫度和濕度進行管控，隨時開啟風扇讓空氣流通

嫩煎雞肉的正確方式是什麼？

想像成品的樣子思考烹調方式

依據不同的廚房設備，適用的調理技術也會有所差異。與其追尋正確答案，不如明確訂下追求的品質，並理解為了達成目標有哪些不同的方法；再依據廚房的狀況來選擇和運用才是最重要的。坊間有一些像是「海背川腹」（海水魚從背部開始加熱，淡水魚從腹部開始加熱比較好），或是「魚身雞皮」（魚從身體開始加熱，雞肉從皮開始加熱）等描述烹調順序的口訣，這些都是從單一面向以加熱為前提的技術。關於現代的低溫調理等方式，必須重新理解這些原理之後，再進行烹調才行。

嫩煎雞肉美味的重點在於，不論是大腿肉還是雞胸肉，雞皮那種宛如餅乾一般薄脆的口感和梅納反應的焦香風味，加上肉質鮮嫩多汁，令人愛不釋手。首先，我們試著思考喜好的雞皮狀態。所謂宛如餅乾一般薄脆的雞皮，某種程度上那硬硬的構造是由雞皮的結締組織形成，可以想像成是有著氣泡的狀態。如果沒有氣泡的話，雞皮就會變成像木板一樣口感很平、堅硬且無法食用。雞皮的主要成分是膠原蛋白形成的結締組織，和水分一起加熱之後會溶化成為明膠。在膠原蛋白明膠化之前，讓水分蒸發就會變得很酥脆。

中華料理的北京烤鴨就是塗上糖水（脆皮水）之後乾燥，讓皮變得更加酥脆。在皮和肉之間加入空氣之後，將皮從肉上取下，這是為了讓肌肉的水分不容易轉移到皮上面所做的處置。

嫩煎雞肉調理時，如果使用鐵鍋等熱容量比較大的厚實金屬製平底鍋的話，就算只是將雞肉靜置在裡面，溫度也不會下降，可以讓雞皮的水分持續蒸發。為了讓雞皮均勻地加熱，使用鍋鏟不斷地擠壓也是很重要的。這麼一來雞皮就可以均勻得變脆，並透過梅納反應產生焦香的香氣。

至於雞肉那一面，加熱時為了控制在不至於讓肌纖維收縮太多的程度，溫度不要太高會比較好。如果為了讓中心部位的溫度升高而以大火加熱的話，雞肉表面就會過熟了。尤其是雞胸肉很容易變柴，控制火候，多花一點時間讓溫度慢慢上升會比較好。肌肉蛋白質的特性是，即使到達的溫度相同，花時間慢慢加熱的話，比起短時間加熱，更能夠抑制肌纖維的收縮。

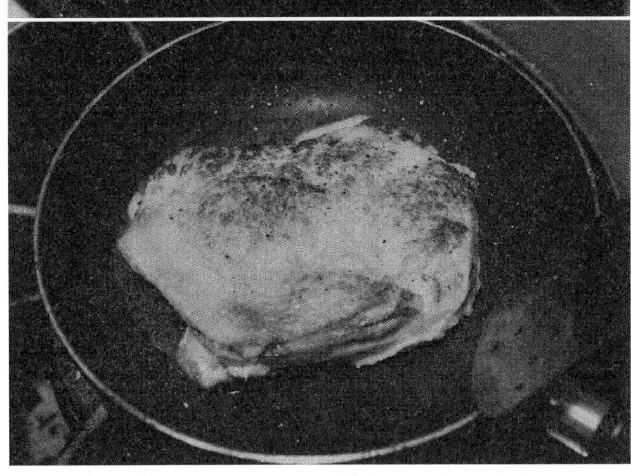

將皮那一面朝下放入平底鍋，用鍋鏟壓著，等到皮確實煎好上色之後再翻面

如果可以滿足這些條件，不管是從雞皮那一面還是雞肉這一面煎，也不管有沒有蓋上蓋子，或是使用低溫調理器進行調理，無論哪一種方式，其中都存在著最好的調理方法。話說回來，若要將皮緊貼在平底鍋上，先從雞肉那一面開始加熱的話應該會比較困難，所以用平底鍋烹調的時候，建議先煎雞皮那一面比較好。

Q
105

低溫調理的祕訣

為什麼使用低溫調理法，肉質會變得比較軟嫩？

低溫調理也被稱為真空調理或舒肥法，是一種加熱調理的方式。真空調理法是一九七九年由法國的Georges Pralus開發出來的烹調法。使用可以嚴密管控溫度的煎鍋，或是蒸氣對流式烤箱，控制加熱到肌纖維蛋白質開始凝固的58℃為止。用這種方式烹調，任何人都可以做到讓肉變軟嫩（粉紅色的肉色）的效果。將肉兩面都用大火煎過（法式料理稱之為saisir）之後，放入加熱用的塑膠袋內將空氣抽出，接著使用低溫調理器加熱。因為空氣具有很好的保溫效果，利用真空包裝機盡可能將空氣抽出，讓塑膠袋與肉之間沒有間隙，藉以提升熱傳導的效率。

由於傳統的煎肉方式是從表面開始，透過階段變化讓中心變成粉紅色，所以也有人認為跟它不同的真空調理肉不好吃。話說回來，感受煎過的肉的鮮味是因為肌肉細胞內含有胺基酸，透過加熱讓肌纖維蛋白質產生熱變性，導致肉汁擠壓出來，再利用蒸發做某種程度的濃縮，是煎肉的必要手法。舒肥法整體均一、加熱至粉紅色，這手法因為不會滲出含有胺基酸的肉汁，所以鮮味的感覺比較弱。所以這時只要從塑膠袋中取出肉品，再用平底鍋徹底將肉的表面煎過，從表面開始產生階段變化，就可以解決這個問題。

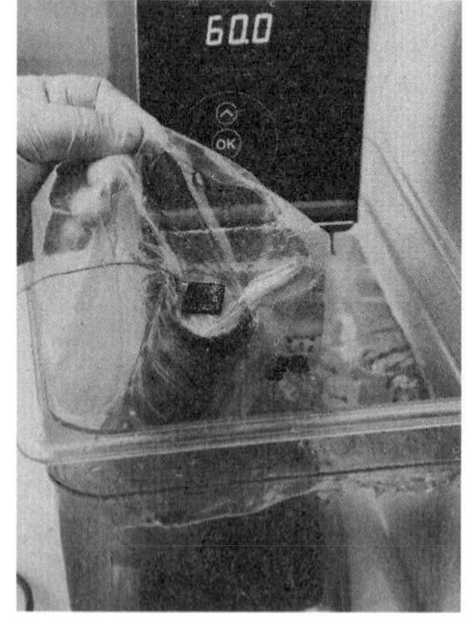

用大量奶油煎過，有香氣包覆的豬里肌，放入專用袋中進行真空處理，接著泡在水中緩慢地進行低溫加熱，最後再將表面煎過上色即可

Q

106

炭火加熱的特徵

為什麼炭火燒烤的食物，會特別好吃？

世界各地的飲食文化中，到處都可以看到將肉類和魚類直接在火上加熱的烹調方式。在日本料理中，這已經是發展相當純熟的調理技術，尤其是熱源是炭火這一點，與其他飲食文化比較可說是極具特徵的。木炭本身已經進化成可以長時間保持高溫，表面溫度超過600℃，而且會放射出遠紅外線的熱源。當遠紅外線碰觸到食材的時候，從表面起算深度1至2mm的部分會轉變為熱能，讓表面的水分快速蒸發而形成高溫。因此加熱肉類和魚類時，會讓表面的胺基酸等味覺成分進行濃縮。同時也因為引發強烈的梅納反應，產生焦香味的香氣成分，再加上因為炭火產生的一氧化碳可以抑制食材表面的脂質氧化。因此脂質氧化物的生成量變少，就不會散發油脂般的氣味，加上梅納反應的香氣被強調之後，感覺更增添了焦香的加熱香味。

雖然坊間普遍認為炭火很難控制，但其實我們更可以將它說成是「能夠實現美味的熱源！」

串在竹籤上，撒鹽之後的香魚用炭火燒烤

Q107

煎漢堡排的美味祕訣

煎漢堡排的時候，肉汁流出來就會變硬，是哪個步驟出了問題？

漢堡排使用的是絞肉，而且除了牛肉之外也使用了豬肉，所以依據食品衛生安全層面的考量，必須以75℃持續調理一分鐘以上才可以安全食用[33]。

牛排如果是半熟狀態，即使中心溫度只有55℃左右的低溫也可提供食用，這時肉汁勉強還保留在肉裡面，送入口中咀嚼時才會流出來，也可以感覺到肉質鮮嫩多汁。然而漢堡排因為調理的時候已經超過肉的離水溫度，當刀子切下去的瞬間肉汁滿溢出來，這種狀態才是最理想的，所以調理目標就是讓肌纖維收縮，肌纖維四周都保持在充滿肉汁的狀態。

為了達到這個目標，首先會在絞肉中加入1％以上的鹽之後確實搓揉，讓鹽溶性蛋白質溶解，成為即使加熱過後依然保有水分的肉泥。這時得用冰塊讓調理盆冷卻同時搓揉，讓脂肪不要融化。確實搓揉之後，接著加入雞蛋和麵包粉等增加黏性的東西之後拌勻，一邊將裡面的空氣拍打出來一邊成形，最後再用沾了油的雙手讓漢堡排表面變得光滑，這樣煎的時候比較不容易裂開。

關於煎漢堡排時是否需要蓋上蓋子、火候的大小、平底鍋是否預熱等造成的影響，有調查結果顯示，如果沒有事前預熱，或是自始至終都用小火煎的話，肉汁就會流出來[34][35]。換句話說，將平底鍋預熱，先用不至於讓表面燒焦的火力程度煎過，讓表面固定，某種程度上就能夠避免肉汁流出。

此外，平底鍋的溫度雖然對表面的煎色有影響，但是對漢堡排本身的硬度並沒有任何影響[36]。換句話說，即使最開始就用大火煎，漢堡排並不會因此而變硬，所以為了產生梅納反應的煎香，得注意不要燒焦，並且盡可能確實煎熟會比較好。

溫度對漢堡排的煎色與硬度的影響

煎色　G值是指影像處理裝置所測到的色調RGB中G值的直方圖平均值，依據事前測試的結果將它設定在45～55完美的煎色。

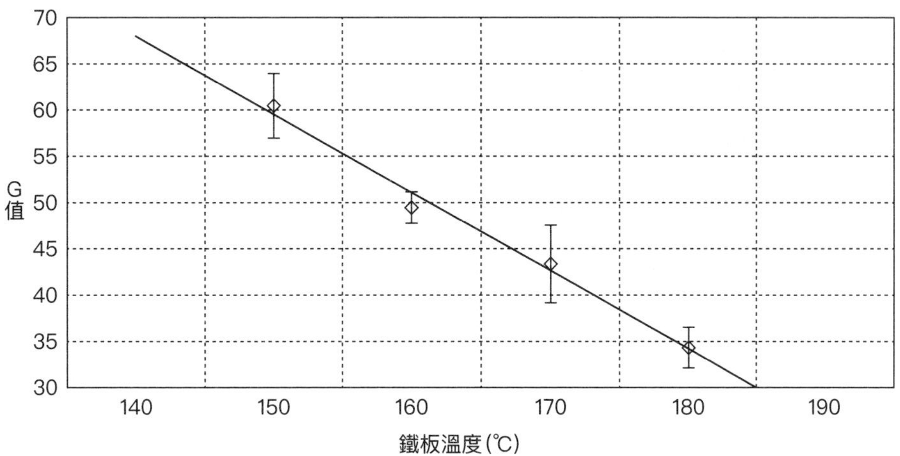

硬度　使用食品物性測試儀量測變形40%時的柔軟度和貫穿度。

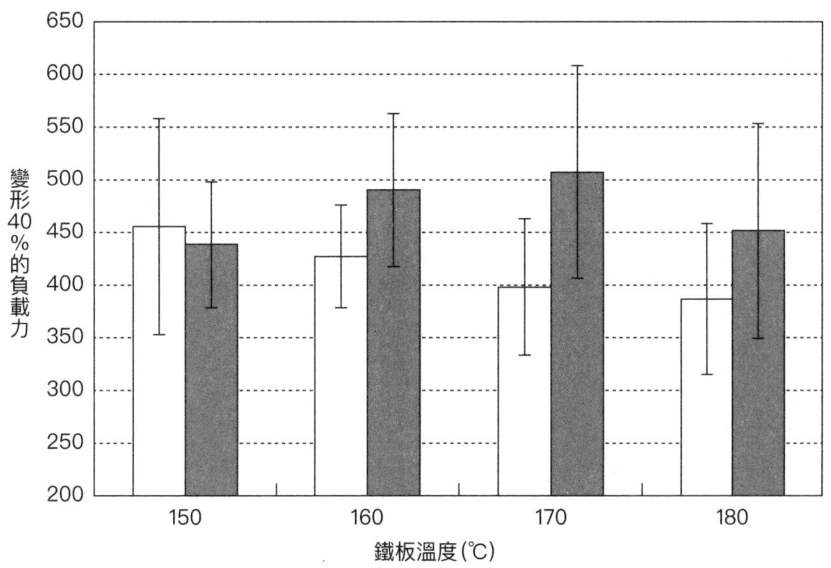

出處：嶋田さおり、渋川祥子。(2013)、焼き調理における加熱条件と推定方法の検討、日本家政学会誌, 64(7), 343–352日文翻譯版

Q
108

用手工剁的漢堡排感覺比較好吃，為什麼？

流出的肉汁和口感的差異

日本漢堡排的肉餡，基本上只使用牛肉、紅肉部分，大部分都不會添加任何增加黏性的物質。使用絞肉機製作的絞肉，以及用菜刀切碎之後製作的肉餡，與其說哪一種比較好吃，更較像是喜好的問題。

配合肉質，調整切法，這是專賣店的肉餡

法式料理中同樣也有使用菜刀將肉切碎之後煎熟的肉類料理，被稱為steak haché。Steak就是牛排，haché則是切碎的意思。將肉切碎之後撒鹽的話，即使煎過依然可以保有肉汁。肉並不是因為用切的才保有肉汁，而是因為肌纖維沒有被破壞。所以在煎的時候，肉汁流出的量反而比做成絞肉的時候還來得少，而且口感部分和絞肉也不同。

用絞肉製作漢堡排的時候，還是生的絞肉在這個時間點並不會流出肉汁。通常再怎麼將絞肉磨碎都不會流出肉汁，而是得在加熱之後才會流出肉汁，這是因為肉汁和細胞中的蛋白質相結合，透過加熱讓蛋白質變性之後，肉汁無法繼續保持住水分才會流出來。一般要加熱到中心溫度達到80℃為止，如果是絞肉機的孔洞直徑比較大的（絞肉顆粒比較粗）、就得花較多時間，肉汁滲出的量也會變多[37][38]。

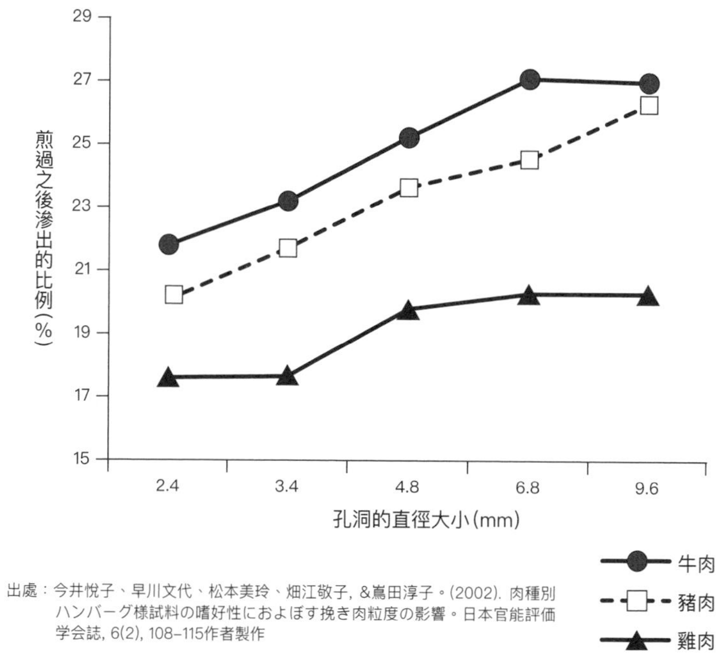

出處：今井悦子、早川文代、松本美玲、畑江敬子，&嶌田淳子。(2002). 肉種別ハンバーグ様試料の嗜好性におよぼす挽き肉粒度の影響。日本官能評価学会誌, 6(2), 108-115作者製作

肉的內部是無菌的，但是無論是絞肉還是手工切、剁的肉，因為會和存在於肉表面上的細菌一起做處理，所以在衛生層面上必須十分注意才行。

Q 109

鮮度、攪拌和預熱很重要

玉子燒沒辦法煎得很蓬鬆，難道一定要使用專業廚師用的黃銅玉子燒鍋才行？

針對玉子燒，日本已有很詳盡的研究，[39]讓我們試著根據這項研究來探討吧！

首先是蛋的鮮度。當鮮度降低的時候，蛋白部分的蛋白質構造會產生變化，變得比較難保有水分等物質，進而失去彈性。新鮮的蛋含有很多的濃厚蛋白*，因為保有蛋白質的構造，所以在加熱之後依然具有彈性且膨脹。

關於攪拌的條件，使用筷子攪拌兩次或四十次，用打蛋器攪拌三百次，使用果汁機攪拌三秒等不同條件下進行比較。結果顯示，用筷子攪拌兩次的膨脹程度最大，其他的全部都變硬了。我們可以將它解釋為：蛋白質的構造經過攪拌之後產生了變化。

至於加熱條件，當玉子燒鍋的溫度達到130℃的時候開始調理，烹煮會比較花時間，導致玉子燒失去彈性。為了讓玉子燒鍋達到150℃以上，必須從一開始就確實加熱，縮短蛋到達凝固溫度的時間。

銅的特徵是優異的熱傳導性。因為銅製的玉子燒鍋熱傳導性很好，很快就能達到溫度均一的標準，讓鍋子整體的溫度升高，大幅提升滿足加熱條件的可能性。當玉子燒鍋的熱傳導性不佳時，為了讓熱度不足的地方加熱，導

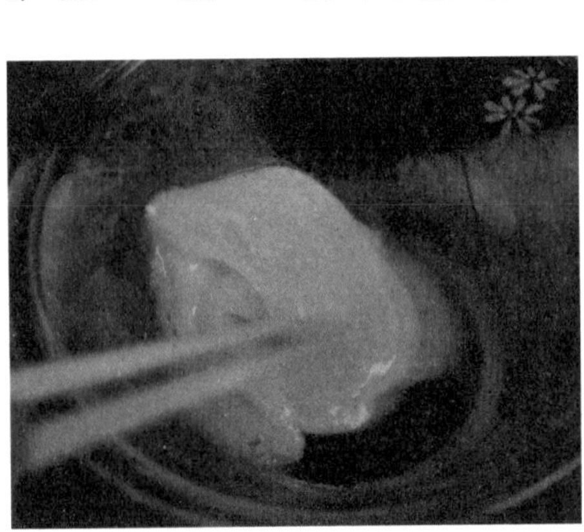

注意不要攪拌過度

致整體烹煮、加熱時間變長，最後也有可能會煎過頭。儘管如此，也不見得一定要使用銅製的玉子燒鍋才可以。只要滿足上述各項條件，即使是不沾材質的玉子燒鍋，也可以做出飽滿蓬鬆的玉子燒。也就是說，使用新鮮的雞蛋，不要過度攪拌，將玉子燒鍋確實預熱之後再開始煎，這樣就很難失敗。

*濃厚蛋白：包覆蛋黃具有彈力的蛋白。

透過不同加熱條件方式調整後的玉子燒物性

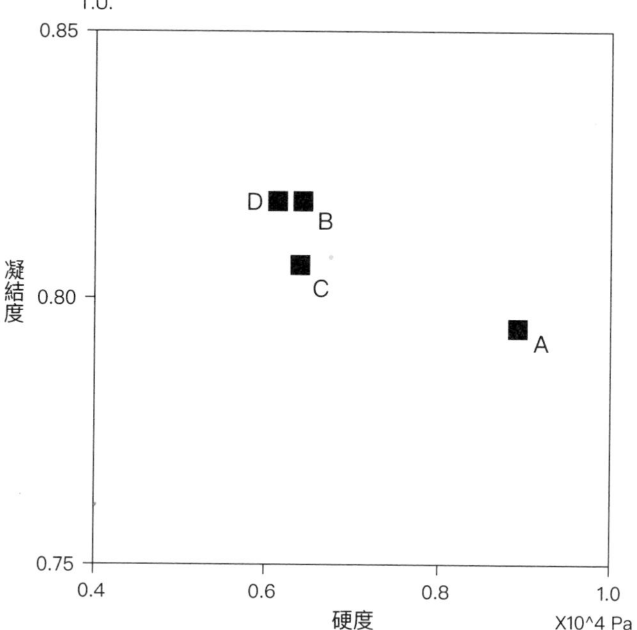

加熱條件
A: 150℃–130℃–130℃
B: 150℃–180℃–180℃
C: 180℃–180℃–180℃
D: 180℃–180℃–130℃

出處：小川宣子,卵を調理する—厚焼き卵,日本調理科学会誌,1997,30巻,1号,p.94–99

Q 110

做鹽烤魚料理的時候，在哪個時間點灑鹽比較好呢？

煎魚之前撒鹽的效果

處理香魚這類體型比較小的魚類，並以鹽燒方式烹調的時候，因為它的肉質很軟，所以在開始烤之前才撒鹽也沒關係。但是假如是鯛魚或日本真鱸這類烤太久就容易變硬的魚，務必灑鹽之後靜置一段時間再烤。在生的魚肉上面灑鹽，鹽會慢慢溶解成為高濃度的鹽水之後接觸魚肉。因為魚肉的肌纖維（肌肉細胞）的滲透壓比高濃度的鹽水還要低，透過滲透壓的作用，會讓魚身上的肌肉細胞脫水。如果再放久一點的話，肌肉細胞就會壞死，存在於肌肉細胞中的胺基酸等成分會跑到表面，然後鹽會往魚的身體內部擴散。在魚身上灑鹽之後，剛開始的5分鐘鹽滲透進魚肉的速度最快，30分鐘後會變慢；60分鐘後，灑在魚肉上面的鹽已經有25％左右擴散到魚肉的中心位置。[40] 透過這些擴散出去的鹽，肌肉細胞的鹽溶性蛋白質會溶解，提升魚肉的保水性，所以即使加熱也可以抑制脫水現象。比方說，使用「幽庵燒」這類含有鹽分的調味液浸漬魚肉的時候也一樣，因為醬液裡頭也含有糖分，更加提升了保水性。日本料理中的魚肉燒烤料理會加熱到魚肉內部的蛋白質完全變性為止，這時魚肉的中心溫度已達70℃以上。但事前的灑鹽步驟已經讓鹽溶性蛋白質溶解，所以保有保水性，魚肉也就可以維持濕潤的口感。

把串在竹籤上的香魚上面灑鹽

隨時間變化，在日本竹筴魚身上灑鹽時的吸鹽量變化

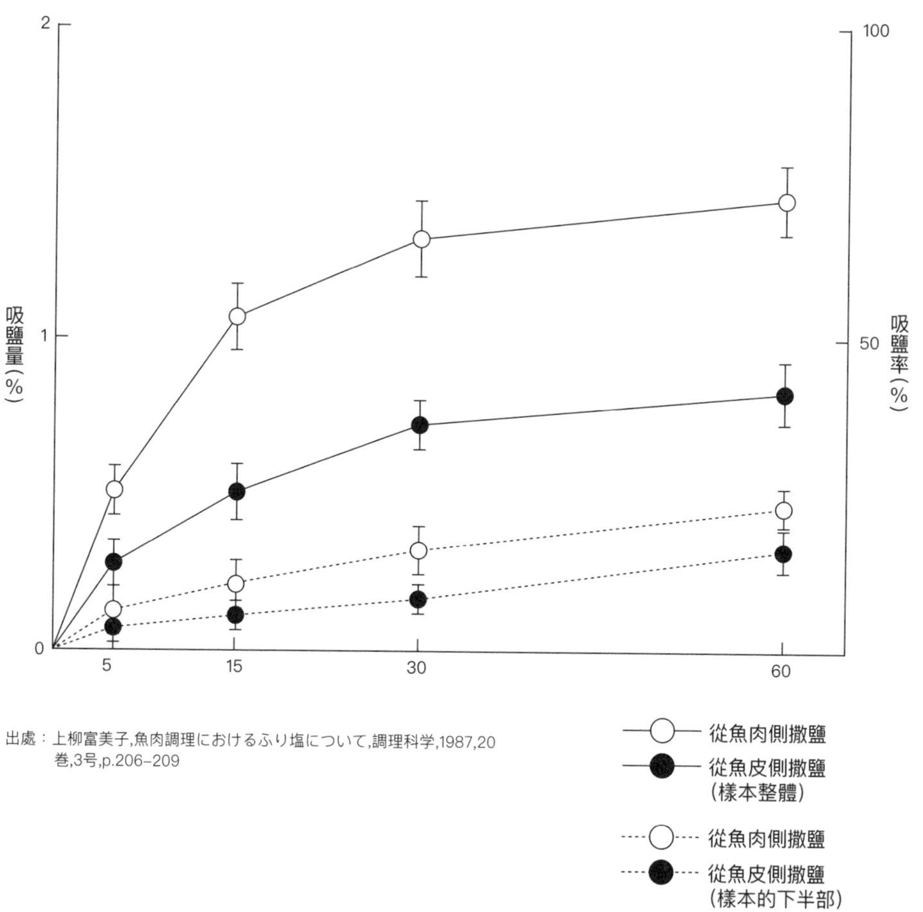

出處：上柳富美子,魚肉調理におけるふり塩について,調理科学,1987,20巻,3号,p.206-209

Q
111

鹽的滲透

聽說，油脂較多的魚必須多灑一點鹽才行，為什麼？

在魚肉中加入食鹽，目的是讓鹽溶性蛋白質產生作用變成果膠化，即使加熱也可以抑制食材出水。鹽溶性蛋白質是構成肌纖維的蛋白質；另一方面，肌肉和脂肪的組織不同，脂肪組織是由脂肪細胞和它周邊的結締組織組成，結締組織則是由膠原蛋白構成。「油脂很多」指的就是脂肪組織很多的意思，也因為肌纖維蛋白質的比例相對變少的關係，食鹽的效果就會下降。換句話說，脂肪組織很多的情況下，如果不多抹一些鹽的話，鹽分就無法滲透到肌纖維蛋白質裡面。

此外，雖然抹鹽可以維持水分，但是鹽分無法滲透到存在於脂肪組織內的脂肪。這是因為鹽會溶解在水中，但是油脂無法溶解在水中的緣故。實際上，灑過鹽的魚在燒烤過程中，若試著嚐一嚐滴下來的液體，就會知道那個不是水分，而是溶解之後的脂肪，而且也會感受到鹹味。那是因為燒烤導致魚肉組織遭到破壞，肌纖維的鹽分也流失出來的緣故。

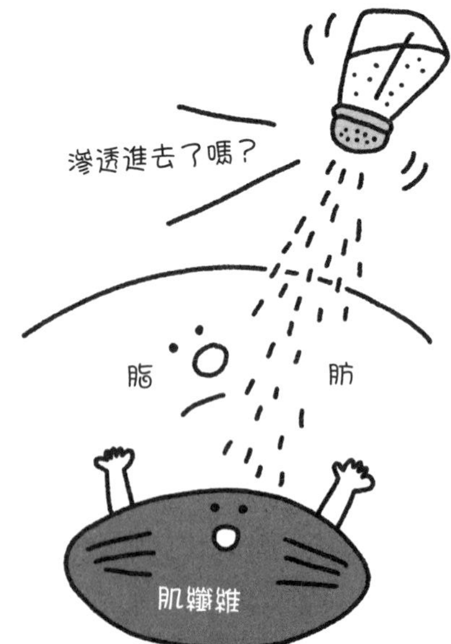

Q 112

在家煮的好方法

在家很難做出像餐廳一樣的鬆軟煎魚料理嗎？

專業廚師烹煮的煎魚料理很好吃，主要原因是透過高溫加熱，讓魚的表面溫度升溫，引起梅納反應增添焦香的香氣，而且為了不要讓魚肉的中心溫度太高，能夠適當判斷起鍋的時間點。將這些重點記在腦子裡，思考看看一般家庭中可以使用的方法吧！

比較簡單的方式是，將魚浸泡在鹽或是含有鹽分的醬油等調味料中，再下鍋煎。撒鹽之後靜置30分鐘以上，或是浸泡在使用醬油、味醂、柚子等製作，也就是稱為「幽庵地」的醃漬醬料中，魚肉的鹽溶性蛋白質就會溶解。這種狀態下的魚，因為煎過之後表面會溶解出胺基酸，即使在低溫環境下也很容易引起梅納反應，就算中心溫度變得太高，也會因為保水性提升而容易維持濕潤。然後，再運用煎魚燒烤爐或小烤箱等，以不要燒焦的前提之下進行烹調。

如果不想弄髒燒烤架的話，可以在平底鍋中使用大量奶油以法式料理meunier的方式調理，或者用橄欖油煎到脆脆的也不錯。meunier是將麵粉輕裹在魚身上，再利用冒泡狀態的熱奶油進行加熱的烹飪法。加熱是為了讓奶油中的水分蒸發，這樣魚肉接觸到的熱源溫度比較低，可以避免過熱。

使用橄欖油煎魚的時候，要將魚皮朝下煎到魚皮變脆為止，所以幾乎得持續加熱。這時因為魚腥味會跑到油裡面，所以請用餐巾紙把油擦掉。將魚翻面之後，以小火加熱到適當程度就可以先裝到盤子裡，靜置一陣子以餘溫熟透，就會變成鬆軟豐滿的煎魚料理了。

Q 113

在家煮讓炒青菜變好吃的方法

炒青菜總是溼答答的不好吃，在家中很難像餐廳一樣炒出好吃的青菜嗎？

在家裡炒青菜的時候，常常會因為加熱時間太長，導致水分從蔬菜中流出。蔬菜的細胞有細胞壁包圍，細胞壁之間會相互連結，其中果膠扮演了接著劑的功能。當加熱到90℃以上的時候果膠就會溶解，細胞壁遭到破壞，導致蔬菜細胞內的水分流出。

有一項實驗，是使用中華炒鍋炒青菜時，針對專業烹調和家庭烹調進行比較。結果顯示，專業烹調會使用大火在中華炒鍋裡不斷翻炒，但是瓦斯爐火力比較弱的家庭烹調，如果最終加熱結束時的食材溫度，要比照專業烹調的溫度的話，必須花上相當長的時間[41]。原因就是，家中的烹調火力比較弱，在每次翻炒時，都會讓食材和鍋子的溫度降低。使用中華炒鍋炒菜，通常會先加熱炒鍋，讓炒鍋的溫度上升，接觸到炒鍋的食材會因為來自炒鍋的熱傳導，只有接觸面的食材溫度會上升。但是專業烹調因為炒鍋的溫度很高，所以每次在鍋中拌炒時，食材溫度也會跟著上升，相較之下火力比較弱的家庭烹調則很難拉升溫度。

即使是專業烹調，想要在一瞬間將青菜等食材炒好的話，也會加水或湯汁一起炒。這是因為水分蒸發後產生水蒸氣，便能透過水蒸氣的熱對流讓食材有效率的加熱。而在家煮時，油熱之後稍微大火拌炒一下，再加入溶解了鹽等少量調味料的熱水或湯汁拌炒，就可以在短時間內炒好了。雖然會有湯汁產生，汁液卻不會是從蔬菜裡流出來的，而是幫忙添加水分，所以蔬菜本身應該還是很清脆才是。但如果加入的水或湯汁不夠熱的話，反而會讓鍋子的溫度下降，必須特別注意。

專業烹調與家庭烹調在炒菜時材料溫度變化與時間差異

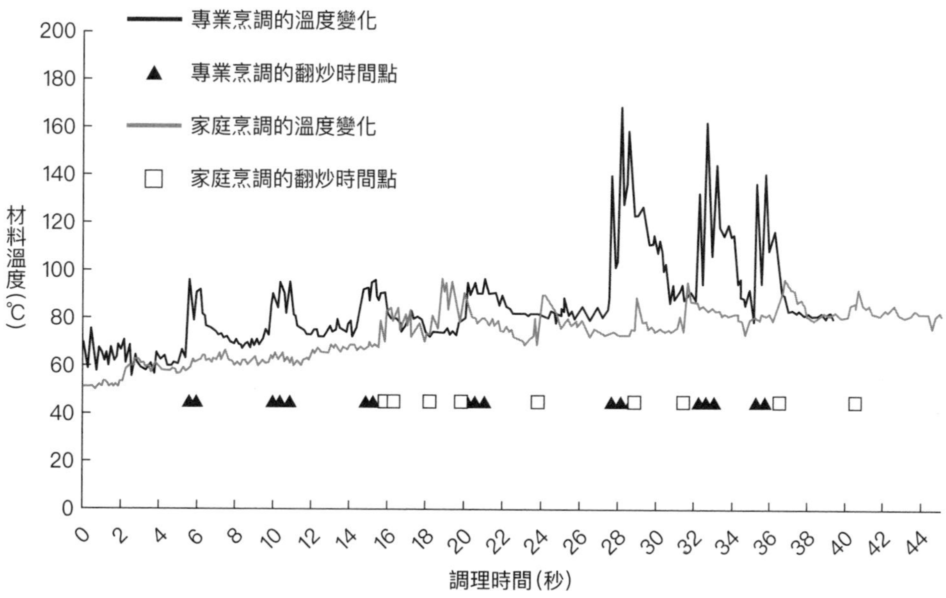

出處：川崎寛也,赤木陽子,笠松千夏,＆青木義満.(2009).中華炒め調理におけるシェフの「鍋のあおり」が具材と鍋温度変化に及ぼす影響.日本調理科学会誌,42(5),334–341

Q 114

煮香菇清湯的祕訣

想煮一道不會太水，香氣濃郁的香菇清湯，該怎麼做呢？

香菇是菌絲匯集在一起的子實體，本身有80%至90%左右都是水分[42]。烹煮香菇清湯會變得水水的不好喝，其實就跟炒青菜一樣，都是因為水分流出的關係。

香菇含有蛋白質2至5%，也有少量的脂質大約占0.2至0.8%左右，但是碳水化合物多達2至10%，食物纖維也有1%左右。食物纖維中包括構成細胞壁的纖維素、半纖維素、木質素、甲殼素等物質。果膠扮演了細胞壁與細胞壁之間的接著劑角色，使用90℃以上的溫度加熱時就會分解掉，導致細胞壁遭到破壞，組織會變軟，水分也會流失到外面。香菇依據種類不同，果膠含量也不同，所以加熱時流出的水分程度也有差異。松茸和木耳的果膠比較多，但是香菇和金針菇的果膠含量卻只有它們的不到一半程度。[42][43]因此製作香菇和金針菇等清湯時，為了不要讓果膠過度分解，加熱溫度控制在80℃以下比較好。

此外，菇類的香氣成分以「1-辛烯-3-醇」的含量最高[44]。這種香氣成分不溶於水，加熱導致出水的話，很容易就蒸發掉。為了避免這種狀況，會建議在乾燥狀態下加熱，

使用大量的油翻炒，逼出煎香的香氣

或是用比較多的油，然後縮短加熱時間讓水分蒸發。只要可以透過這些方式讓香氣成分在蒸發之前移轉到油裡面，香氣成分就比較容易留下來了。

各種菇類的果膠含量

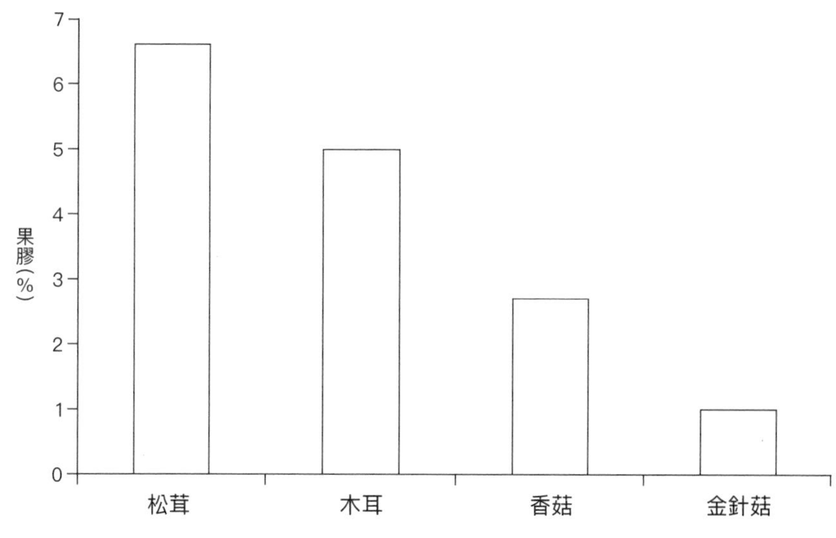

全都以乾燥重量%表示

出處：倉沢新一,菅原龍幸,林淳三,キノコ類中の一般成分および食物纖維の分析,
日本食品工業学会誌,1982,29巻,7号,p.400–406作者擷取數據後製作

Q 115

鬆散還是濕潤

如果沒有強力火候和專業技巧的話，很難做出粒粒分明的炒飯嗎？

在日本中華料理店吃到的炒飯，飯雖然濕潤多汁，卻感覺鬆散且粒粒分明，不會黏成一團。但是這種很鬆散的炒飯必須具備的調理科學條件，至今尚未明朗。

蠔油牛肉炒飯

針對烹調的溫度，某知名中華料理店曾經實際量測過炒飯製作過程中，使用的中式炒鍋的溫度。結果顯示，在超過250℃的高溫下，蛋和飯會一起在鍋中翻炒跳動。蛋的部分，比起蛋白，蛋黃似乎對炒飯的完成品影響更大，可以歸納出是蛋黃中的卵磷脂這項物質的效果。卵磷脂是同時兼具親水性和親油性的磷脂質，具有乳化劑的作用[45]。剛煮好的白米飯含有大量水分，飯粒很容易彼此黏在一起，假設卵磷脂的親水部分與飯粒結合的話，親油的部分就會突出在米粒的外側，才有可能因此防止飯粒彼此沾黏在一塊。此外，要讓炒飯呈現出鬆散狀，必須在某種程度上讓米飯中的水分蒸發，大火快炒也是為了達到這個目的。如果慢慢炒的話會讓水分過度蒸發，導致米飯變硬，所以為了短時間內讓米飯表面的水分蒸發，火候可能稍微強一點會比較好。

但是，一般家庭裡炒的軟軟又濕濕的炒飯也很好吃。有一份針對日本人進行的炒飯必備要素的調查研究，結果顯示，受到大家重視的包括盛盤、硬度、鬆軟度、光澤度等。顯然，日本人只是單純不喜歡鬆散又硬硬的炒飯而已[46]。

中國的揚州炒飯據說是日本五目炒飯的始祖，製作過程中因為會加入湯汁一起炒，所以是有濕潤感的炒飯。[47] 如果家中瓦斯爐的火力很弱的話，不要翻炒，只要單純加熱即可，因為瓦斯爐的火力可以確實傳導到鍋子，這麼一來就能讓米飯粒粒分明之後還混合在一起，接著加入少量湯汁一起炒。這樣除了鬆散之外也會變得濕潤，就可以做出不同風味的美味炒飯了。

Q 116 同樣的蔬菜，如果使用燉煮的、蒸的，或是用微波爐加熱，味道會改變嗎？

蔬菜的加熱方式和風味

蔬菜加熱的目的，是為了讓果膠這個細胞壁之間的黏著劑，透過90℃以上的溫度加熱、溶解後而讓蔬菜變軟。加熱也會讓各種分解酵素失活，蔬菜細胞內的空氣和水分也會流出，因此變得光滑又有光澤，顏色也會變得很鮮豔。無論是哪一種加熱方式，雖然目的沒有改變，但是依據加熱方式不同，影響味道的要素也會不同。

蔬菜加熱之後細胞會被破壞，就像肉類流出肉汁一樣，也會有蔬菜的滲出液流出。有研究指出，用蒸的或是微波爐加熱的話，因為細胞周圍都保持完整，所以吃起來會比生的時候感覺更甘甜[48][49]。做法雖然會依蔬菜種類導致結果不同，但主要還是由於蔬菜的滲出液裡面仍保有大量糖分的關係。

水煮加熱時，滲出液會流到水中，導致甜味的感覺減弱。但是蔬菜中也含有多酚等苦味成分，想要去除苦味的話，水煮加熱是很適合的方式。

法式料理中，有一種使用少量的水加熱後將食材蒸熟、燜熟，名為braiser的加熱方式。透過這個方式，就算有滲出液流出，流出的成分最後還是會透過燉煮的方式在加熱後包覆在蔬菜周圍，可說是能夠品嘗到蔬菜的甜味和所有風味的加熱方法。

蒸煮30分鐘後從胡蘿蔔取得的抽取物中的糖濃度

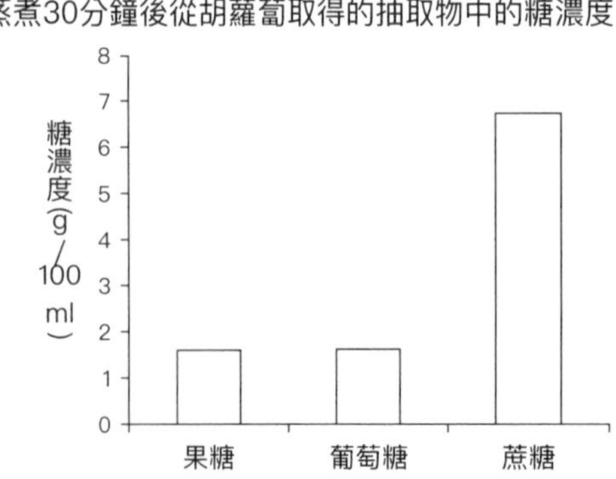

出處：堀江秀樹, & 平本理惠. (2009). ニンジンの蒸し加熱による甘味強化. 日本調理科学会誌, 42(3), 194–197 作者進行彙整

Q 117

讓燉煮料理入味的科學

燉煮蔬菜的時候，總是沒辦法完全入味，該怎會做才好呢？

使用根莖類蔬菜的燉煮料理，據說要等到「冷掉之後才會入味」。即使是日本料理的烹調技術，在製作燉菜料理時，也會在水煮之後浸漬在調味醬汁裡，或是使用調味料直接烹調，某種程度上加熱之後放涼被視為一項「祕訣」。「放涼」後味道會滲透到燉煮料理中，這在調理科學上是怎麼一回事呢？

蔬菜的細胞中，細胞膜被細胞壁包覆著。所謂的入味，指的是調味料通過細胞壁和細胞膜之後進入到細胞裡面，另外還必須考量到蔬菜的組織軟化和調味料成分擴散這兩件事。

蔬菜的細胞壁和細胞間隙（細胞之間的間隙）中存在著名為果膠的多醣體。果膠本身是中性或鹼性的，加熱到80℃以上就會開始分解（名為β-氫消除反應的構造變化）。蔬菜整體的話，至少要加熱到90℃以上才會變軟。[50] 這也意味著，如果在90℃以上持續加熱的話，蔬菜組織就會變軟，然後解體的意思。

細胞膜的機能會因為加熱而遭到破壞，所以調味料的成分擴散進去，就是所謂「入味」的現象，味道成分的擴散，當溫度越高的時候進行速度越快。實驗顯示鹽分在溫度20℃的時候只要2個小時就擴散到中心點。[51] 不過，醬油的色素成分經過24小時尚未進入到中心點[52]。

蔬菜如果沒有加熱到90℃以上就不會變軟，但是調味料的擴散，只要蔬菜的細胞膜遭到破壞就可以進行，所以溫度下降依然可以辦到。換句話說，為了防止煮到太爛，最後卻演變成：降溫的狀態下料理會比較好入味。也就是「冷掉之後會入味」這件事很容易遭誤解為「降低溫度的做法會讓料理入味」，請大家注意。

Q
118

燉煮料理是不是一次煮很多會比較好吃？水和食材的比例相同的話，味道也會一樣嗎？

加熱時間和煮汁的濃度

燉煮料理中對美味程度造成影響的，就是煮汁的成分濃度，以及加熱時間是否達到平衡。一次煮很多比較好吃，這句話的意思是加熱時間變長，就只是這樣的改變，加熱的反應就會導致梅納反應和脂質氧化反應進行，有可能讓風味變得更豐富多元。梅納反應是胺基酸、糖透過加熱之後，散發出誘人的香氣成分。脂質依據種類不同氧化的難易程度也不同，比方說，海鮮類含有很多不飽和脂肪酸，很容易因為空氣中的氧氣而氧化，只要氧化之後就會被各種不同的物質分解，產生香氣成分。

即使水和食材一開始的比例相同，因為少量烹調時蒸發速度很快，所以很容易一下子就濃縮了，也因此縮短了加熱時間。改變加熱時間的話，因為加熱中的反應物不同，可以預料最終的味道一定會不一樣。想要控制在少量烹調依然可以維持跟大量烹調時同樣的味道，只要將蒸發掉的水分慢慢的補足，就可以達到跟大量烹調時同樣的效果了。

Q
119

絕妙的溫度區間

法式的油封的手法為什麼要控制在80℃的溫度？

油封（Confit）是歐洲傳統的調理方式，雖然是以保存為目的，卻同時也會用來讓筋比較多的部位，肉質品嘗起來比較軟嫩。方法是：鴨禽之類的大腿肉用鹽醃泡過之後，使用80℃左右的動物性油脂（鴕鳥的油脂等）煮兩至三個小時，然後直接泡在油裡面保存。等到上菜時再加熱，將皮煎到酥脆就可以了。

說到80℃這個加熱溫度，在沒有溫度計的年代，要維持在固定溫度應該是件很困難的事。為什麼要定在這個溫度呢？這其實是和加熱殺菌溫度、肌纖維蛋白質的凝固溫度，以及結締組織的膠原蛋白明膠化（溶解成為液體）的溫度有關。80℃這個溫度用來加熱殺菌已經十分足夠了，而且肌肉保有的蛋白質分解酵素等也會因此失活，還可以防止加熱後產生的變化。

肌肉的構造是肌纖維會因為膠原蛋白而捲曲；肌纖維在80℃時會完全變性、凝固，並流出肉汁，但是若有先用鹽巴抓泡過，讓肌纖維蛋白質擁有良好的保水性，便可以保有水潤的感覺。膠原蛋白超過70℃就會開始融化成為液體，超過90℃就會急速地明膠化，導致肌纖維彼此變得容易分離，受到物理性的刺激就會鬆開。換句話說，80℃這個溫度是加熱殺菌，以及讓肌纖維蛋白質凝固的溫度，同時也不至於讓膠原蛋白過度溶解的溫度，可說是絕妙的溫度區間。

Q
120

試著使用高湯吧！

加了太多醬油，導致燉煮白蘿蔔的料理變得非常死鹹，有補救的辦法嗎？

燉煮料理在加熱的同時，煮汁會濃縮而讓味道變濃，即使有先試過煮汁的味道，卻還是無法判斷食材是否剛剛好入味。而且如果反覆、多次嚐味道的話，很容易產生味道變淡的誤判（請參考第50頁）。相信很多人都有過不小心加了太多醬油，導致味道變得非常鹹的經驗吧！

日本的調味料以含有鹽分的發酵類調味料居多，如果添加過多的話就會變得死鹹。即使加水稀釋，也必須考量包括砂糖等其他添加的調味料比例，所以沒辦法完全恢復成同樣的味道。雖然酸味和油脂可以讓鹹味的感覺變弱，但還是會導致鹽分過度攝取。而且如果用水稀釋的話，整體的美味程度都會下降。這時建議可以使用高湯稀釋，試著做成京都家常菜「御番菜」（おばんざい／お番菜）中用高湯燉煮的「炊いたん」，或是其他類似的燉煮料理吧！它不只是讓鹹味變淡而已，還增添了高湯的風味和鮮味，變成一道完全不同的料理。

Q
121

比起直接生吃，螃蟹用鹽水煮過之後似乎更美味，光是用水煮味道就能產生變化嗎？

汆燙或水煮之後變好吃的原因

螃蟹肉去除水分之後幾乎完全都是蛋白質；胺基酸大量連結在一起的產物就是蛋白質，但是必須透過蛋白質分解酵素才能夠分解蛋白質。那麼，在蛋白質分解酵素沒有產生作用的狀態下，為什麼生的螃蟹也可以感覺到味道呢？這是因為我們感覺到了滲透到細胞表面的胺基酸的味道。像這樣沒有構成蛋白質的胺基酸稱為「游離胺基酸」，在細胞中以胺基酸個體存在。

螃蟹如果用鹽水煮的話，肌纖維蛋白質會變性，導致細胞遭到破壞，細胞內含有的胺基酸就會變成抽取物流出。分析螃蟹腳經水煮後流出的抽取物，可以發現甘胺酸和精胺酸這兩種胺基酸占了整體的50%，但是脯胺酸和牛磺酸的濃度相當低。[53] 甘胺酸是以甜味為主體，也具有微弱的鮮味，精胺酸雖然帶有些許苦味，但是對於海鮮類的濃醇味來說是很重要的。

因為可以在水煮螃蟹中強烈地感受到胺基酸的味道，才會感覺特別美味。相較之下，如果改用蒸的，因為抽取物成分不會流出到水煮液中，某種程度還保留在螃蟹肉裡面，所以吃起來會更有味道。

（上）用鹽水煮香箱蟹
（下）剛煮熟的香箱蟹

Q 122

抑制魚腥味的東西

味噌煮鯖魚為什麼要加入生薑？有其他東西可以取代嗎？

鯖魚和沙丁魚等是容易讓人感覺到魚腥味的水煮魚，大部分都會加入生薑一起煮[54]。鯖魚和沙丁魚含有大量容易氧化的脂質，也含有魚類共通的三甲胺這種腥味成分，很容易讓人感覺到魚腥味，生薑則具有遮蔽味道的效果，所以常常拿來使用。[55][56]我將用來抑制魚腥味的方式整理成下方的一覽表[57]；生薑據說是透過強烈的味道來達到遮蔽腥味的效果，同時也有抑制脂質氧化的作用。

生薑的辣味成分是6-Gingerol這項物質，雖然新鮮生薑和老薑的成分含量相同，但香氣卻有很大的差異。新鮮生薑那種華麗的香氣來自乙酸香葉酯這種香氣物質，玫瑰花也含有這項物質；老薑散發出來的溫順香氣則來自於檸檬醛這項物質。除了生薑以外，可以遮蔽魚腥味的東西還包括酸梅、洋蔥、大蒜、月桂葉等，燻製成分也讓人比較不容易感覺到魚腥味。順帶一提，檸檬醛在葉片部位的含量最高，看來生薑的葉子也有活用的價值呢！

抑制魚腥味

原理	方法
去除或降低腥味成分或原始物質	確實洗乾淨 透過烤或蒸等加熱方式讓它蒸發
讓腥味成分改變	讓醛類變成酒精 透過微生物分解胺類
讓腥味成分變成非揮發性	利用鹽基和酸的反應 產生籠形複合物 被膠體吸附
遮蔽腥味成分	與有香氣的魚混合 利用煙燻成分 利用辛香料 利用青蔥、洋蔥、芹菜等 使用酒、味醂、發酵調味料等 利用胺類・羰基反應（梅納反應） 利用煎茶

出處：太田静行、マスキングmasking、日本食品工業学会誌、1988、35巻、3号、P.219–220

如何鎖住肉汁？

Q 123

煮咖哩或是濃湯時，會先將肉類和青菜用油炒過，這個動作有什麼意義嗎？

肉類的表面用大火燒烤，在法式料理中稱為rissoler，是相當受到重視的一項料理技術。據說，將調味類型的蔬菜一直炒到變成咖啡色為止，才是好吃的關鍵所在。肉類進行rissoler的理由是為了「鎖住肉汁」，但真的是這樣嗎？如果透過rissoler就可以將肉汁鎖在肉裡面的話，那麼再燉煮過，肉汁就不會流到燉煮的湯汁裡，如此料理不就沒辦法變好吃了嗎？

實際上即使是rissoler，肉汁也不可能保留在肉的內部。如果保有肉汁的話，那麼燒烤的時候，應該不會發出嗞嗞嗞這種水分蒸發的聲音。將肉類和蔬菜一起炒的原因，就是為了透過加熱引發梅納反應。

西式稱為米雷普瓦（mirepoix）的烹飪法，是將胡蘿蔔和洋蔥等蔬菜先炒過的意思。透過米雷普瓦烹煮的蔬菜會流出含糖汁液，而且是很容易引起梅納反應的葡萄糖和果糖等還原醣類居多，肉類含有很多胺基酸，將肉類和米雷普瓦過的蔬菜一起拌炒，非常容易引發梅納反應。沾黏在鍋子上的梅納反應生成物，用水或是葡萄酒刮下來之後就會溶解在醬汁中，梅納反應生成物的顏色和香氣都會溶於其中，便可做出一道香味撲鼻的美味燉煮料理。

（上）燉煮前先用平底鍋將肉炒熟
（下）這是殘留在平底鍋上的梅納反應生成物

Q 124

坊間有用啤酒烹調的肉類燉煮料理，意思是啤酒的碳酸和酒精能讓肉質變軟？

在德國、比利時、法國的法蘭德斯地區，都有使用啤酒燉煮牛肉、豬肉和雞肉的料理。有一項針對日本一般市售啤酒進行的調查，結果顯示啤酒比日本酒、葡萄酒、日本燒酎等更具有讓肉質變軟的效果。我們已經知道肉類加熱時遇到酸性物質就會變軟，但是在這項實驗中，啤酒的碳酸程度具有的酸性，幾乎不會對硬度造成任何影響[58]。

另一方面，透過這項實驗得知，啤酒的酒精濃度具有某種程度的影響力。但是與啤酒的酒精濃度相同的純酒精（乙醇）水溶液，卻沒有像啤酒一樣具有這麼好的軟化效果。換句話說，用啤酒燉肉並不是只考慮酒精的效果而已。

啤酒主要是以水、麥芽和啤酒花作為原料釀造而成。麥芽中含有的麥芽糖是葡萄糖兩兩結合在一起的結構，這種葡萄糖只有稍微讓肉質變軟的效果，至於啤酒花的效果則沒有任何研究資料。

日本酒、啤酒、紅葡萄酒、白葡萄酒、威士忌、日本燒酎等，全部都具有讓肉質變軟的效果，濃度稍微高一點的酒精本身也具有同樣的效果。這項結果與酒精有關是無庸置疑的，但是光靠這些，依然無法說明用啤酒燉煮肉質容易變軟的部分，這就是耐人尋味的地方。

順帶一提，酒精飲料的酒精濃度在3.6至7.5%之間，是可以讓肉質變軟的最佳條件。使用葡萄酒或日本酒的時候，將濃度稀釋到一半左右，就可以提昇肉質軟化的效果。

酒精飲料與碳酸水、葡萄汁、葡萄糖對肉的硬度造成的影響

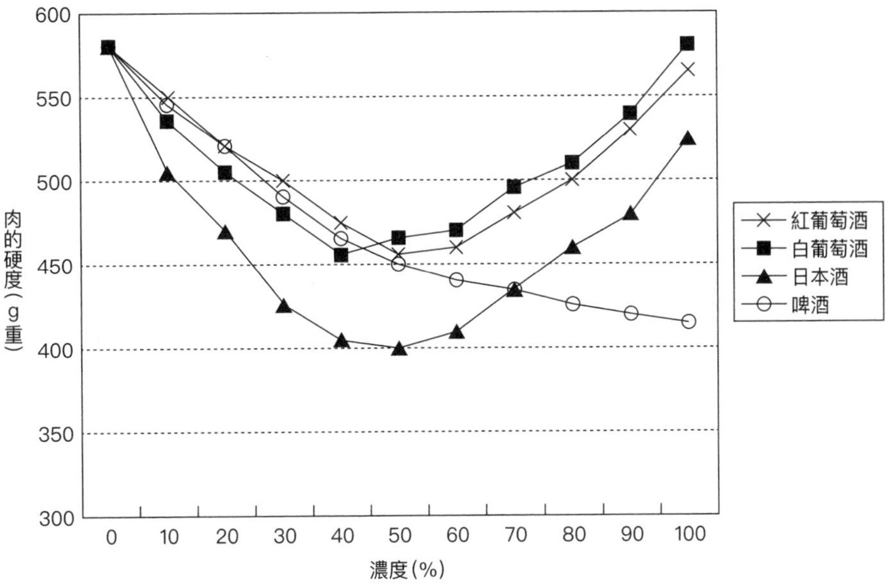

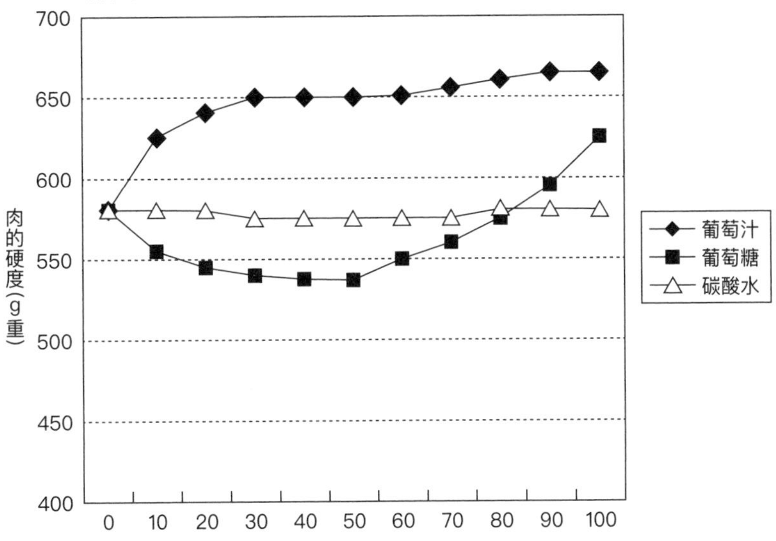

各種飲料用蒸餾水稀釋後，將豬里肌泡在該溶液中加熱20分鐘，使用流變儀量測硬度。

出處：山口務,＆田畑智絵.(2005). アルコール飲料添加調理法による肉類の軟化効果.北陸学院短期大学紀要,36,107–117.

Q
125

日本酒的各種效果

燉煮料理的調味不是只要用高湯、醬油和味醂就夠了，為什麼還要加酒？

日本酒使用米和米麴作為原料，經過非常複雜的發酵過程，比其他酒類產生更多成分，是抽取物相當多的釀造酒。酒精濃度也是所有釀造酒之中最高的，高達15至16％左右。日本酒含有大量的胺基酸、糖分、有機酸，香氣也很複雜。將日本酒當成調味料添加到料理中，具有各種不同的效果。

燉煮金目鯛

在味道方面，日本酒能賦予食材葡萄糖等糖分產生的甜味，以及胺基酸產生的鮮味。香氣部分除了增添日本酒特有的芬芳香氣之外，同時在魚的燉煮料理中，也會和鮮度比較差的魚所散發出來的魚腥味成分三甲胺相互作用，藉此消除魚腥味。[59]

此外，將含有鹽分的醬油加水稀釋成10％的調味液之後，用來煮魚，在40℃至50℃之間溶解到湯汁裡面的蛋白質溶出量會增加，但是如果使用添加10％醬油和45％酒的調味液，蛋白質的溶出反而受到限制。[60]使用調味液煮魚，從40℃左右開始魚的肌纖維蛋白質會變性，但是尚未凝固，還存在於細胞中的蛋白質（肌漿蛋白質）會溶出到湯汁裡面。當加熱溫度超過70℃的時候，膠原蛋白就會明膠化（溶化到水中）並逐漸溶解出來。酒會導致肌纖維收縮，而且即使是在低溫環境中也會促進變性，抑制蛋白質的流出。雖然對魚肉的硬度沒有什麼影響，但卻可以抑制鮮味等味道流出。

Q 126

何謂濃郁的味道？

法式多蜜醬汁沒有散發出濃郁的味道，該怎麼辦才好？

日本所謂「濃郁之味」（コク），原本是針對日本酒的評價用語，包括漢字「酷」、「極味」等，都是用來形容味道相當豐富，以及在充分調和時所產生的充實感。但這個詞近年來也開始使用在食品上，並有針對濃郁之味進行定義的跡象，更有研究者將「濃郁」認定為是：透過味道、香氣、口感等眾多刺激（濃厚感、複雜度、厚度）產生的物質，在某種程度上達到良好的平衡，具有持續性和延展性之時，可以感覺到的味道[61]。

法式多蜜醬汁等，是將肉類和蔬菜一邊加熱一邊濃縮製作而成的醬汁，透過加熱過程中的梅納反應產生香氣成分和胜肽（蛋白質分解而成的東西），以及從骨頭裡抽取出來的膠原蛋白和油脂等，藉由這些稠狀物感受到濃郁的味道。因此當法式多蜜醬汁沒有濃郁的味道時，只要添加會引起梅納反應的東西就行了。在法式料理的傳統技術中，可添加以糖和醋用大火加熱製成的焦糖醋醬gastrique，或是將切成一半的洋蔥烤焦之後加入，都可以產生濃郁的味道。

法式多蜜醬汁

Q 127

高湯色澤清澄的原理

為什麼法式清湯不能煮沸呢？

所謂的法式清湯（consommé）是將高湯（bouillon）透過清澄化*製作而成；如牛肉清湯（consommé de boeuf）就是使用牛肉高湯（Bouillon de boeuf）製作的。

製作牛肉清湯，首先要將牛肉的紅肉部分製作成比較粗的絞肉，再加入切丁的大蒜、芹菜等辛香料蔬菜和蛋白後，混合在一起，然後加入冷卻後的牛肉高湯再一次攪拌均勻。接著將它倒入湯鍋中，用木製鍋鏟輕輕地攪拌，避免食材沾黏在鍋底，同時慢慢地加熱。沸騰之後，牛肉會逐漸因為加熱變性而變成一塊塊的肉塊浮上來，此時在鍋子中央輕推出一個孔洞（沸騰口、排氣孔），並以小火持續加熱，維持泡泡會持續冒出來的輕微對流狀態加熱（法式料理中稱為mijoter），透明的清澄高湯就完成了。

讓我們試著分析這個時候發生了什麼事。首先，高湯因為油脂分離的關係而變得稍微混濁，加上使用前腿肉作為食材，而且含有大量膠原蛋白，所以容易呈現油脂乳化的狀態。如果是一邊加入高湯一邊加熱絞肉和蛋白的話，絞肉和蛋白的蛋白質就會變成分離的狀態。加熱後隨著溫度逐漸上升，過程中絞肉和蛋白的蛋白質會包覆高湯的脂肪再產生熱變性。這個脂肪和蛋白質的複合物會因為沸騰產生的對流，緩慢地浮到高湯表面，也因為固定在表面上而讓高湯的脂肪得以逐漸去除。換句話說，必須透過某種程度的對流，讓脂肪和蛋白質複合物浮上來才行。假如沒有產生對流的話，好不容易形成的脂肪和蛋白質複合物就會殘留在湯裡，而且煮滾之後還會解體，導致脂肪分散而讓湯變得很混濁。

*清澄化：透過沉澱法分離之後取得上方清澄的液體。

Q 128

半煎炸和油炸

要炸出好吃的炸物，使用的最低油量是多少？

一般家庭對炸物敬而遠之的最大理由，就是處理廢油很麻煩。使用的油量越少，相對的處理也越方便，因而導致近年稱為「淺煎、半煎炸」（shallow fry）的方式廣受注目。

油炸時一般使用的油量必須是炸物厚度的兩倍深度，但是有一項透過半煎炸方式，使用炸物的一倍深度和一半深度的油量進行比較的實驗結果顯示，一般油炸方式需要五分鐘可以炸好的東西，如果改用淺煎，只要花比較長的時間炸到同樣的脫水率，也可以具有同等的美味程度（外觀、氣味、口感等）[62]。但這樣做也發現，油的氧化變質相當嚴重。這個結果顯示，半煎炸沒辦法多次重複使用相同的油。換句話說，如果只是偶爾炸個東西的話，或許半煎炸就足夠。不過，油炸時因為炸物會浮在油上面，所以沾麵包粉炸的話，炸物下方的麵包粉也能炸得很漂亮挺立，而半煎炸因為炸物底部會貼到炸鍋，很難讓炸物變得立體，建議可依據不同喜好搭配使用。

（上）以半煎炸方式製作龍田炸雞
（下）以油炸方式製作炸蝦

Q 129

製作唐揚炸雞的時候，為什麼要二度回鍋油炸？

表面酥脆，內層多汁

像牛這種體重比較重的動物，為了對抗重力，肌纖維會變得非常粗壯。但是雞的體重很輕，所以雞肉的肌纖維比較細，膠原蛋白很少是牠主要特徵。此外，雞也有彎曲菌屬的食源性病毒（以65℃加熱數分鐘就可以殺死）的危險性存在，我們雖然能透過加熱來殺菌，卻因為上述的肌肉特性，所以容易加熱過頭而變柴。

二次油炸的唐揚炸雞

此時如果先用鹽或是含有鹽分的醬油醃泡的話，雞肉肌纖維的鹽溶性蛋白質就會溶解，加熱後明膠化導致保水性提高，即使中心溫度超過65℃依然保有肉汁。但是如果只炸一次，要讓中心溫度達到65℃的話，加熱時間需要拉長，這樣表面溫度就會太高，所以炸雞才會採用回鍋油炸的方式製作。

炸雞一開始就要投入120℃左右的油中，加熱到中心變成粉紅色的程度之後，先從油裡面撈出來；透過餘熱讓表面的高溫傳導到中心，慢慢地加熱讓中心部位變熟。加熱時間越長，肌纖維的收縮也會受到限制而變得更加軟嫩。但是，表面的麵衣卻會因為水分過度減少而變塌，這時要再一次用180至200℃的油稍微回鍋炸一下，一口氣讓表面的水分蒸發，引發梅納反應後增添誘人的香氣。透過這個方式能讓表皮變得酥脆，散發出刺激鼻腔的誘人香氣，肉質則鮮嫩多汁，這樣就完成理想的唐揚炸雞了。

Q 130

如何才能炸出好吃的天婦羅？

何謂好吃的天婦羅？

好吃的天婦羅是什麼樣的狀態呢？天婦羅也被稱為「蒸的」料理，但明明做法是用炸的，為什麼說是蒸的呢？

其實天婦羅最重要的就是：麵衣必須包覆整個炸物。因為若有部分位置沒有讓麵衣包覆的話，會造成食材直接與高溫油接觸，而且只有那個部分直接乾炸。麵衣綿延不絕的包覆方式，除了讓食材本身能被間接加熱，同時也讓食材透過自身的水分「被蒸熟」。

麵衣必須盡可能輕薄，盡量不要含有油分，吃的時候帶給人們輕盈的印象也是很重要的[63]。麵衣的氣泡不可以出現得太密集，而是要呈現不時會有大氣泡的狀態，才具有最美味的口感。為了達到這個目的，必須降低麵衣的黏度，投入油鍋之後必須讓油將多餘的麵衣打散。用來製作麵衣的水，在一項比較硬度20和硬度1468的水的研究中發現，使用硬度較高的水可以製作出輕薄易碎的麵衣[64]，可見水的硬度也會造成影響。

至於油炸的溫度，有研究指出投入油中剛開始的20秒，水分會蒸發得相當激烈，此時能產生很多大氣泡，可以呈現酥脆的口感，所以剛開始的溫度不要太低，用180℃以上油炸比較好[65]。當然，有時也會因為食材和調理方式不同，而有必要調整溫度，比方說新鮮的日本囊對蝦煮到半熟會很美味。為了讓食材中心溫度降低，可以透過高溫短時間油炸，而像番薯這類澱粉質的食材，則是用低溫慢慢炸比較好。

Q
131

讓麵衣輕薄酥脆

炸豬排還是得用豬油炸才會比較好吃？

包括日式炸豬排在內的炸物料理，都非常重視麵包粉帶來的酥脆輕盈的口感。

有項研究指出，使用添加豬油的油，炸出來的豬排，比單純用沙拉油炸的豬排重量來得更輕，而且放置一段時間之後會流出很多油脂[66]。這項結果顯示，添加豬油的話，油脂不會殘留在麵衣裡，而且加了豬油之後炸好的炸物顏色比較深，麵衣也會變硬而且容易碎掉。也就是說，是豬油讓麵衣變輕，炸好之後更加酥脆。

為什麼使用豬油，容易在炸好之後從麵衣瀝出油呢？這一點我也不清楚。依據日本JAS規範，精製豬油的熔點在43℃以下，油炸的瞬間就已經超過熔點成為液體。可以想像豬油的物理性質跟沙拉油不同，也期待日後有更深入的研究。

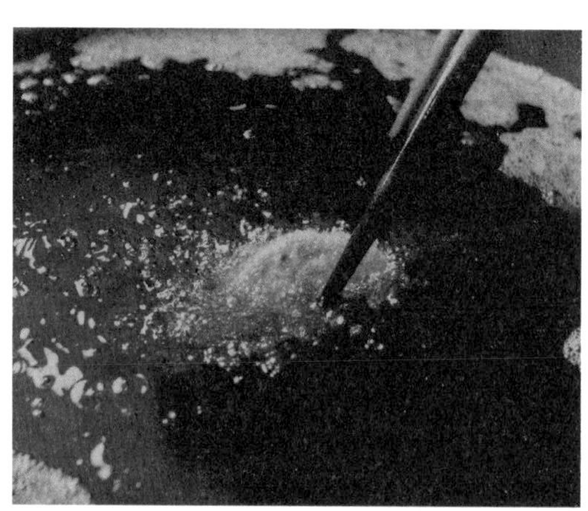

使用大量豬油炸的豬排

Q 132

過油的各種優點

中華料理的過油，有什麼樣的意義？

中華料理似乎給人使用大火烹調的既定印象，與其說大火烹調對料理來說很重要，不如說大火烹調是廚師為了能在自己認定的時間點，擁有自由自在操控火候的能力重要利器。這也是過油之所以受到重視原因：這是將蔬菜或前置處理完成的肉類，以150℃左右的低溫油加熱的技術。過油之後的食材，會再以快炒或是油炸等方式進行調理。

針對過油的效果已經有很詳細的研究[67]；使用青椒和白菜進行實驗後發現，蔬菜過油之後快炒的話，重量幾乎沒有減少，不但更具有口感，還可以保持豐富的色澤。此外，在使用雞肉進行的實驗中，過油之後再下鍋快炒的話，重量也幾乎沒有減少，肉質反而更加軟嫩。從食材中心溫度隨著時間推移的變化來看，溫度上升速度相對緩慢，最後快炒的時間也相當短。由於過油必須使用大量的油，所以一般家中會改用汆燙的方式再快炒，據說也有某種程度的效果[68]。

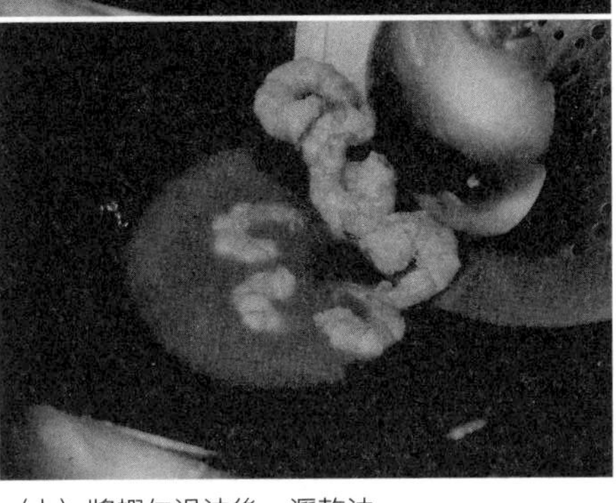

（上）將蝦仁過油後，瀝乾油
（下）加熱調味料後大火快炒，乾燒蝦仁完成

中華料理中的熱炒也被稱為「熱沙拉」，因為這種烹飪方式可以讓青菜保持鮮脆，表現得像沙拉一樣清爽。最後的快炒動作是讓溫度迅速升高，使調味料濃縮之後均勻包覆食材，散發出好吃的香氣，過油這道程序可說是中華料理烹調的特徵，也是實現美味的關鍵。

過油對青椒和雞肉的硬度造成之影響

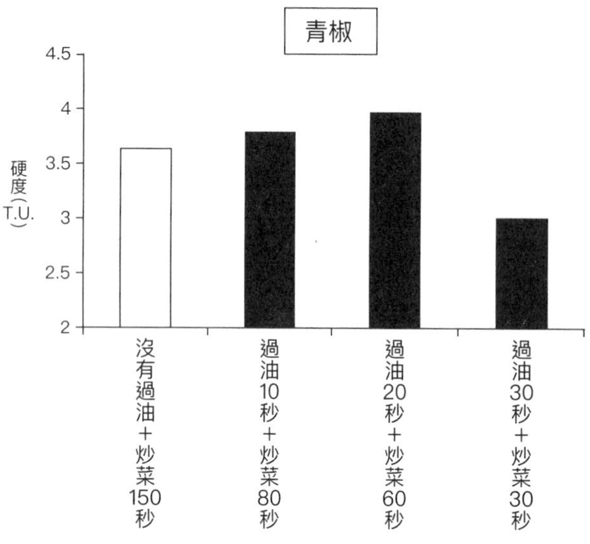

過油溫度：130℃

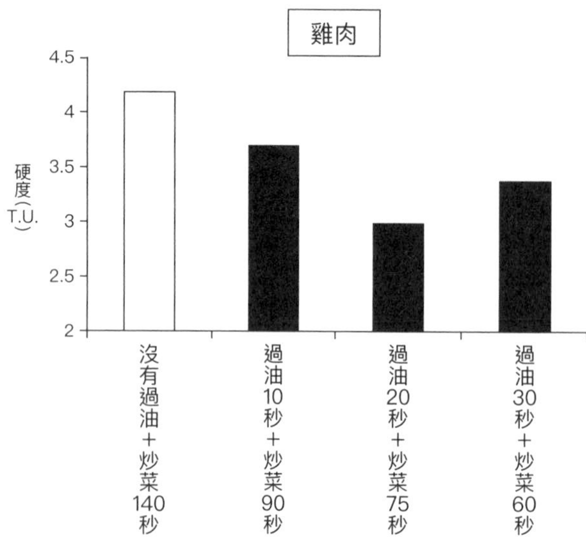

過油溫度：150℃

出處：松本睦子＆吉松藤子、(1983)、炒め調理における油通しの効果について、調理科学、16(1)、40–46作者擷取數據製作

Q 133

煙燻的原理

煙燻的香氣來源是什麼？哪一種食材適合用來煙燻呢？

煙燻是讓木材等燃燒時產生的煙接觸到食品，透過讓煙附著的方式，將香氣和成分添加到食品上的技術。歐洲地區從西元前就開始使用這種方式，目的是為了保存生肉，一般會先鹽漬處理之後再進行煙燻。這是因為燻煙成分會讓微生物的生長受到限制，達到殺菌的效果。另外也有不使用煙而是浸泡在木醋液中的方式，使用煙的方式又會依據煙燻溫度，分成冷燻法、溫燻法和熱燻法。

燃燒木材和產生燻煙之間存在著很大的差異。燃燒木材是讓木材完全燃燒，換句話說，就是透過完全氧化的方式產生熱能，二氧化碳和水。但是要產生「燻煙」這件事，則是要故意讓它不完全燃燒，讓木材產生熱裂解這種化學反應。木材的主要成分包括構成細胞壁的纖維素、半纖維素、木質素等，透過熱裂解，能讓木質素產生苯酚，也就是燻煙的香氣來源。

煙的成分是粒徑0.1至0.2um（微米）的微粒子，附著在食物的表面之後會溶解到水中，往食物的內部擴散。透過燻製產生的香氣成分高達四百種以上，其中苯酚類就占了七十五種之多[69]。燻製的香氣成分包含脂溶性和水溶性的，能散發「煙燻味」的苯酚類，則是以水溶性的物質居多。

至於適合用來燻製，以及不適合的食材，是以煙的成分是否容易附著上去作為判斷的基準，此外，食品表面，如果過度乾燥或過度濕潤都不太理想。而好不好吃的判斷基準，則完全依據過往的飲食經驗，原本就具有濃厚香氣的食材，很容易因為增添燻製的香氣而喪失原本的個性，所以事前必須先想清楚燻製的目的是什麼，會比較好。

Q 134

添加調味料的順序

燉煮料理添加調味料的時候，第一步先加砂糖會比較好嗎？

根莖類和白蘿蔔等燉煮料理，理想狀態是煮到用筷子可以切斷的軟度，但同時要保持形狀完整，不至於煮到太爛，調味料的味道可以滲透到食材的中心位置。因此燉的時候有必要讓澱粉充分糊化，而且作為細胞壁接合物質的果膠得有某種程度的溶化才行。由於調味料較容易滲透進煮熟的植物細胞裡面，因此日本料理會將食材先燙過或水煮之後，才浸漬在調味料裡防止煮爛。不過，這樣做會因為煮太久讓食材的香氣流失，所以也有很多廚師喜歡「直炊」，也就是添加調味料之後直接從生煮到熟的方式。

在日本料理中要燉煮植物類料理時，據說將調味料按照「砂糖、鹽、醋、醬油、味噌」這樣的順序添加，就會變好吃。理由是因為砂糖的分子比較大，如果沒有先添加的話，等到完全入味需要花很長的時間。鹽的分子很小比較快入味，而醋和醬油、味噌則因為香氣具有揮發性，晚一點添加會比較好。

那麼，如果透過實驗進行驗證的話，結果又是如何呢？從一九五〇年代開始就有針對調味料添加順序進行的個別研究，針對馬鈴薯和白蘿蔔，決定烹煮時間之後依序加入砂糖和鹽進行實驗。透過這些實驗得知，鹽具有讓食材軟化的效果，在加熱初期添加的話會讓食材變軟，砂糖則是隨時添加都會讓食材變硬。醋也因為很難讓果膠分解而會導致食材變硬[70][71][72]。

另一方面，近幾年進行的另一項實驗中，包括燉煮馬鈴薯、芋頭、花豆、南瓜和茄子的燉菜、蓮藕的土佐煮、水煮竹筍、蘿蔔乾物燉煮、炒羊棲菜、紅燒肉等，分成在一開始就一次加入所有調味料，以及依據砂糖、鹽、醬油等順序加入。結果顯示，嚐起來的味道和軟硬度沒有什麼不同[73]。因此在家中混合所有調味料後直接加熱烹調，照理說應該也可以做出十分美味的料理才是。但針對高湯和鮮味的影響，目前還沒有相關的研究。

醋和醬油、味噌等，從香氣揮發的觀點來看必須最後添加，或是採取兩階段式添加比較合理。但如同前面提到，從砂糖和鹽的實驗中確認的結果來看，添加順序仍然無法一概而論，得依據料理或各自條件的差異而定。也就是說，到目前尚未得到確切的科學結論。

Column 8

調味料的功用

大家常說料理最重要的是「活用食材的原味」，意思是：不使用調味料，單純烹調、加工食材本身的這件事很重要？

對人體而言重要的是營養素；供給這些營養素的食材，除了蛋白質、碳水化合物、油脂、微量營養元素之外，比方說植物的話，也含有對人體有害的生物鹼等成分。人類必須像這樣從大自然中選擇攝取必要的營養素，這時，味覺就肩負著這樣的角色。由於蛋白質和碳水化合物的分子量很大，無法與受體結合，便透過感知胺基酸和糖分等分解物，來確保能獲得並攝取到對應的營養素。我們為了攝取必要營養素，吃的動機之中的「美味」，就扮演很重要的角色。

如果食材中含有的胺基酸和糖分濃度越高，光是這樣可能也很好吃。反之，為了讓這個食材變好吃，透過調味料就能補充營養素，換句話說，這就是補強基本味道的訊息。至於鹽的部分，它是礦物質的信號，儘管人體內的鹽分濃度受到嚴密的機制管控，但是「沒有鹽的話會很困擾」，顯示人們對它有強烈的愛好。

此外還有感覺味道成分的「閾值」。當味道成分的濃度超過閾值時，我們就感覺不到味道了，但是調味料卻可以超越閾值，透過這個方式誘發吃的行為，就能變成可以攝取的營養素了。然而來到容易取得調味料的時代之後，人們輕輕鬆鬆就可以讓食物變好吃，比起食材的原味，也可以製作出以調味料味道為主的料理，因此就出現了「不知道到底在吃什麼」的料理。

「活用食材的原味」這件事很重要，也和適當地使用調味料這件事有關。在營養不足的時代，為了增進食慾使用的調味料，到了營養過剩的時代則必須適切地使用它來控制食慾，所以飲食的相關知識仍是很重要！

Q 135

鹽分無法分解蛋白質

在魚肉上面抹鹽可以增加鮮味的感覺，但蛋白質會因此被分解嗎？

日本料理有一道程序是在魚肉上面抹鹽之後靜置一段時間，可以讓「鮮味增加」。這個做法確實可以增強鮮味的感覺，但並不是因為魚的肌肉蛋白質被分解掉成為胺基酸所造成的。

分解蛋白質必須透過蛋白質分解酵素的作用，但鹽分並不會分解蛋白質。在魚肉上面抹鹽，魚肉表面吸收水分之後的鹽變成很濃的食鹽水，透過這個方式在肌肉細胞的細胞膜上產生滲透壓，再從肌肉細胞滲透出包含胺基酸在內的水分。在魚肉上抹鹽之後滲出的水分並不是單純的水，而是含有胺基酸在內的細胞質液體，這樣一來，魚肉表面便附著了胺基酸，加上同時具有鹽分，便增加了魚肉的鮮味。而在靜置的這段期間，蛋白質分解酵素開始發揮作用，蛋白質被分解成胺基酸，也因此更能感覺到鮮味。換句話說，抹鹽增強鮮味的感覺這個說法是正確的，但理由並不是「因為蛋白質被鹽分解」所造成。

Q 136

味道的對比效果

為什麼在紅豆湯和西瓜裡加少許的鹽，感覺味道會變得更甜呢？

在甜的食物裡面加入少許鹽巴，同時品嘗到甜味和鹹味之時，據說甜味的感覺會更強烈。在紅豆湯和西瓜、番茄等添加少許的鹽之後食用，就可以實際體驗這種感受；這又稱為「對比效應」（同時對比）。無論是10％的蔗糖液，還是25％的蔗糖液，當加入0.15％的食鹽時，感覺都會更甜[79]。

這種對比效應並不是因為在舌頭上的甜味物質與食鹽產生化學反應所造成，應該說它是透過個別的受體感知味道，在大腦中進行資訊處理時引起的某種錯覺，但是詳細的機制尚未明朗。

對比效應也包含與色彩相關的心理效果，被稱為「色彩對比效應」[75]。將顏色依據光的波長順序排列成名為色相環的圓環狀，如果將不同色相*的顏色組合在一起看的話，其中一方會受到另一方色相的影響，會感覺到比實際更大的差異。另外，不同顏色組合在一起看的時候，與單獨看的時候也不同等。

不過味覺因為無法直接套用這種模式，所以可能必須考量其他心理層面的效果吧！

＊色相：指紅、黃、藍等顏色

Q 137

調味之外的效果

煮義大利麵的時候為什麼要加鹽呢？

日本的烏龍麵因為使用含有9％左右蛋白質的中力粉（相當於中筋麵粉）加水和鹽製作而成，會產生麵筋這種網狀的蛋白質，所以具有彈性。義大利料理中的義大利麵有很多不同種類和製作方式，一般的乾燥義大麵因為使用杜蘭小麥這種含有高達13％左右蛋白質的麵粉，所以不需要加鹽巴。此外，水煮乾燥義大利麵理想的口感（依據義大利不同地區而有差異）是以「彈牙」，又稱Al dente這種有嚼勁的狀態最佳，麵條中心沒有完全吸水分，帶有「芯」的感覺。

關於煮義大利麵用的水是否需要加鹽這件事，鹽除了調味之外，是否還具有其他效果，一直是為議論的主軸。近年來的研究指出，使用添加2％以上食鹽的熱水煮麵，可以增加義大利麵的硬度，並減弱麵體表面的黏著性，讓麵條不容易沾黏在一起[76]；這是透過濃度很高的鹽分抑制義大利麵的吸水效果的關係。

鹽分濃度在0.5至1％時，雖然具有增添食材風味的功能，但似乎不會對義大利麵的硬度造成任何影響[77][78]。如果鹽分濃度超過2％，則確實會影響義大利麵的硬度，而缺點就是鹹味太重。這時有的廚師會準備其他湯鍋另外煮沸一鍋水，將義大利麵表面的鹽分沖洗掉。

義大利麵最終與醬汁混合的狀態是很重要的。為了讓麵條煮好之後與醬汁混合而達到最後的Al dente，包括醬汁該讓義大利麵吸收多少程度等因素在內，得做綜合性考量，再決定運用方式。

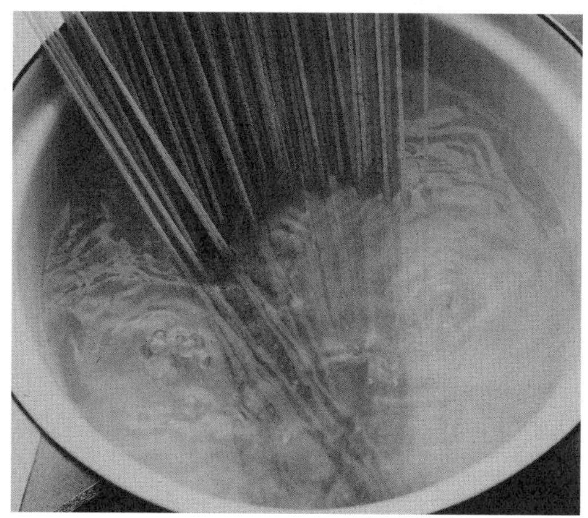

在加鹽的熱水中煮義大利麵

煮麵水的食鹽濃度與義大利麵的硬度

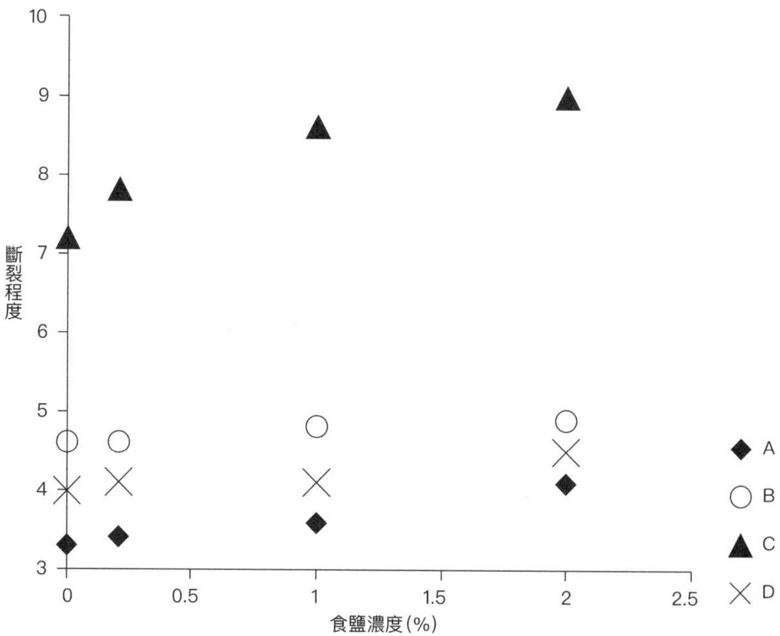

四種品牌（A、B、C、D）的義大利麵在水煮7分鐘後量測硬度（斷裂程度）。

出處：Sozer, N., & Kaya, A. (2008). The effect of cooking water composition on textural and cooking properties of spaghetti. International Journal of Food Properties, 11(2), 351-362

Column

9

鹽的種類和特徵

鹽是料理的基本，特別是在調味方面，鹽的濃度是最重要的。身為人類的我們，體內的鹽分濃度始終嚴密地控制在0.9％，不會變高也不會變低。在透過舌頭品嘗味道時，會感覺那些不會改變體內鹽分濃度的東西很好吃。此外在烹調時也是，我們會提高滲透壓讓食材釋出水分，讓鹽溶性蛋白質溶解等，鹽發揮了各種不同的功能。

在日本可以買到的鹽，有以下幾種製作方式。全世界的鹽以岩鹽為主流，占全世界鹽產量的三分之二，剩下的就是天日鹽等以海水做為原料的產品[80]。

岩鹽本來也是海水，經過漫長歲月之後變成岩鹽。由於在地底下結晶化的關係，大多會將周遭的雜質包覆進去，所以常常沾染其他顏色。在日本沒有可以取得岩鹽的地方，而從國外進口的產品純度很高，氯化鈉高達99.5％以上。因為結晶很硬且不易溶於水，所以很適合用研磨罐切碎後使用在肉類料理上。

天日鹽是在墨西哥和澳洲等地，將海水引進鹽田內，透過太陽的熱能和風勢讓水分蒸發後導致鹽分結晶化。

所謂溶解、立釜法製作的鹽，在日本是把國外進口的天日鹽溶於水中，將沙子等雜質去除之後再煮沸至鹽結晶而成。

透過離子膜、立釜法製作的鹽，則是將海水中的鈉等正離子和氯化物等負離子濃縮，成為濃度很高的鹽水，煮至鹽結晶而成。

像這樣，製作鹽的方式有所不同，因此裡面含有的礦物質濃度也會不同。海水的成分並不會因為海域和深度不同而有差異[81]，所以鹽的成分不同，單純只是因為製作方式不同而已。

鹹味只能透過氯化鈉才能感覺得到，如果舔了含有其他礦物質的鹽，會有一種「溫和」的感覺[82]。礦物質的成分以氯化鎂為主，其他還包括了硫酸鎂、氯化鉀、硫酸鉀等。在各項成分對氯化鈉水溶液（食鹽水）的鹹味產生什麼影響的研究中，氯化鎂和硫酸鎂雖然會讓鹹味減弱，但是氯化鉀和硫酸鈉則會讓鹹味變重。牽涉味覺的因素有各式各樣，單純只靠鹽並不會讓味道變得複雜，但若只想用鹽來調味的時候，先確認過礦物質成分的特徵之後，再選擇合適的鹽比較好。

日本料理在那個未能精製鹽的時代，就有使用蛋殼去除礦物質的技術。先將鹽溶解於水中，加入蛋殼之後加熱，礦物質成分就會吸附在蛋殼上，將它去除就等同於將礦物質去除。附帶一提，像這樣煮乾之後達到飽和狀態的食鹽水稱為水鹽，也會將它當作椀物（湯品）的調味料來使用。由於鹽已經溶解了，優點是比顆粒狀的鹽更容易調整味道。現代可以取得純粹的鹽，也或許已經不需要採用這種方式，但技術發展的同時也會遺忘失傳的技術，希望這項傳統技術可以留在各位的腦海中。

天日鹽

海鹽

鹽之花

岩鹽

Q 138

鹽的輪廓

決定味道的時候，為什麼都說可以用鹽來勾勒出料理的輪廓？

人們常常會使用「風味輪廓」來說明一道料理，如果以科學的角度來看，又是怎麼一回事呢？讓我們試著以濃度、美味程度來思考兩者之間的關係。五種基本味道之中，除了甜味之外，其餘的只要超過一定的濃度之後都會讓人感覺不舒服。使用柴魚片抽取的高湯來製作日式清湯，添加麩胺酸鈉（味精）和食鹽之後進行感官評價，會發現同時添加麩胺酸鈉和食鹽的話，到某種程度為止，確實感覺很好吃，但添加過多的話反而變得不好吃了[79]。

這項結果顯示，並不是添加越多味道成分，就一定會增加美味程度。達到某種濃度是最恰當的，但比這個濃度還要高或低都不行。特別是鹽的濃度！據說，和人類體液的鹽分濃度0.9％差不多的比例，感覺起來最好吃。鹽分濃度在人體內受到非常嚴密的管控，所以人才會喜歡不至於讓體內鹽分濃度產生變化的濃度。明確定義這種剛剛好的濃度，就像讓人感覺到有「輪廓」存在的道理，不是嗎？試著先多加一些鹽，實際了解加太多鹽的感覺之後，才會明白濃度適當的感覺。

在日式清湯中加入味精和食鹽時的美味程度

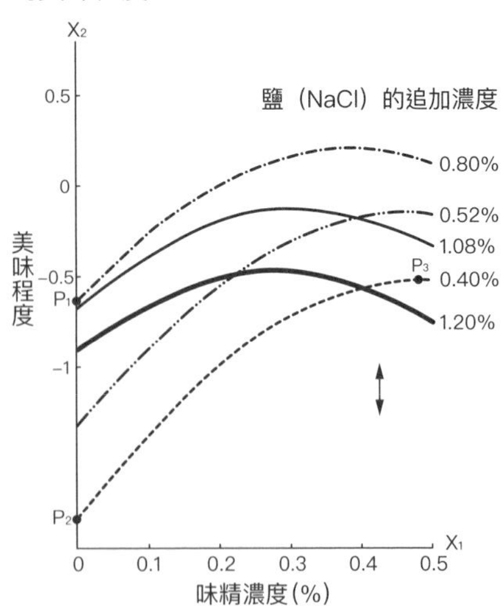

日式清湯的美味度從完全不美味（-3）到非常美味（+3）進行評價

出處：YAMAGUCHI, S., & TAKAHASHI, C. (1984), Interactions of Monosodium Glutamate and Sodium Chloride on Saltiness and Palatability of a Clear Soup. Journal of Food Science, 49(1), 82-85 日文翻譯版

Q
139

砂糖和味醂的差異

沒有味醂的時候，可以使用砂糖來取代嗎？

味醂是將蒸熟的糯米與米麴混合之後，加入日式燒酒發酵而成的產品[83]。糯米的澱粉經由米麴菌的澱粉分解酵素，分解成葡萄糖等成分（糖化），成為甜味的來源。由於一開始製作時的酒精濃度就很高，加上酵母菌減緩酒精發酵，糖也沒有轉變成為酒精，所以糖的濃度也很高，來到40至50％左右。

味醂裡面含有的糖分不是蔗糖，而是以葡萄糖為主，是由雙醣類和寡醣等多種糖分構成的甜味，此外也含有胺基酸和胜肽。熟成的過程中，這些胺基酸和糖會產生反應，引起梅納反應的關係，所以才帶有獨特的香氣。

如果是以增添甜味為目的時，可以使用砂糖來取代味醂，雖然甜味的本質不同，卻沒有很嚴重的差異。味醂本身含有的糖和酒精，透過梅納反應增添了光亮和光澤（因為糖的緣故），還具有防止煮爛（因為有酒精）和消臭（透過酒精和梅納反應）等功能。日本燉菜有時會期待達到上述效果而使用味醂，若是這種情況，因為無法用砂糖取代，建議直接使用味醂會比較好。

日本燉菜果然
還是要用味醂
才好吃
MIRIN

Q 140

活用特徵

砂糖和蜂蜜可以透過同樣的方式使用嗎？

砂糖在科學領域中稱為蔗糖，與葡萄糖和果糖的分別有一個分子的差異。蜂蜜的甜味成分就是葡萄糖和果糖。雖然花蜜也是蔗糖，但是蜜蜂會透過本身的消化酵素將蔗糖分解成葡萄糖和果糖之後儲存起來。與蔗糖相比，葡萄糖和果糖的甜度較低，而且本質上也不同。此外，蜂蜜本身還帶有香氣。換句話說，如果使用在料理上，砂糖和蜂蜜在甜味這層意義上存在本質上的差異，香氣也完全不同。雖然能以同樣方式使用，但使用蜂蜜的時候，活用蜂蜜的風味特徵會比較好。此外，葡萄糖和果糖因為是容易引起梅納反應的糖類，和胺基酸一同加熱的話，跟味醂一樣，都具有消臭效果而備受期待和重視。

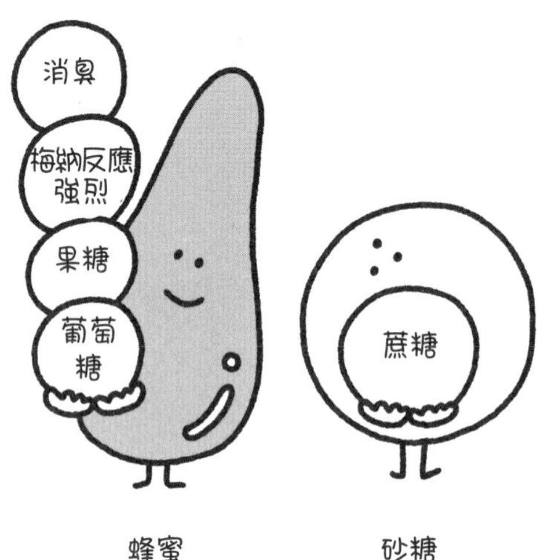

Q 141

人工香料沒有卡路里，為什麼有甜味呢？

除了砂糖之外也能感覺到甜味的物質

甜味受器雖然只有一種，但是與甜味受器結合之後可以讓人感覺到甜味的物質，除了砂糖等糖類之外還有很多。不可思議的是，這些物質分子的大小和構造也完全不同。例如胺基酸之一的丙胺酸和甘胺酸也帶有甜味，阿斯巴甜（代糖）、糖精、乙醯磺胺酸鉀、三氯蔗糖等，都是後來發現可以當成甜味劑使用的物質。

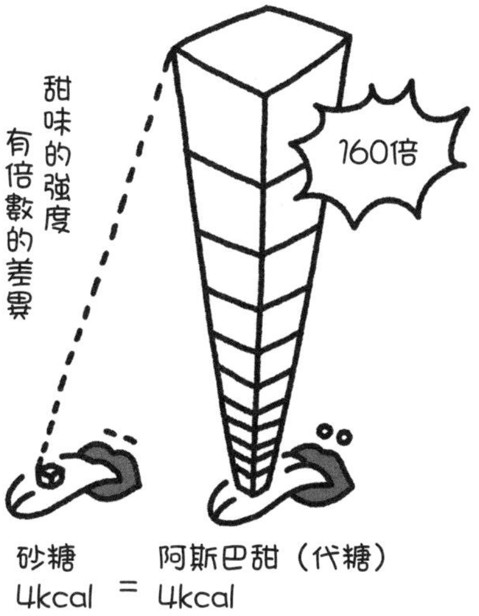

阿斯巴甜（代糖）是由天門冬胺酸，以及苯丙胺酸這兩種胺基酸結合而成的胜肽。平均每1g的卡路里和蛋白質與砂糖一樣都是4kcal，但是閾值只有0.0028%相當低，甜味強度比砂糖多了一百六十倍，因此需要使用的量相當少，食用之後幾乎不會攝取到任何卡路里[84]。糖精和乙醯磺胺酸鉀、三氯蔗糖等，因為甜味強度是砂糖的好幾百倍，所以如果使用的濃度只是普通帶有甜味的那種程度的話，標示上幾乎可以寫成零卡路里。

Q 142

鹹味和甜味的關係

為什麼鹹味太重的時候，可以使用甜味將味道調整回來？

鹹味最適當的濃度範圍和生理食鹽水差不多，都是0.9%左右，太濃或是太淡都會感覺不好吃，因此要駕馭鹹味是很困難的。尤其是醬油等具有複合式味道和風味的調味料，常常都會不小心添加太多，而且如果用水稀釋的話，整體味道都會變淡。這時，只要使用砂糖等甜味來調整，就可以食用了。

研究顯示，在五種基本味道中，甜味以外的味道只要到了一定濃度以上都會讓人感覺不舒服[85]。這是因為，甜味是稍微比較特別的味覺本質，人類想要獲取能量的欲望非常強烈，或許已經進化到某種程度上，犧牲掉其他東西也在所不惜的關係。實際上，身形越大的猴子，苦味的閾值越高。研究顯示，牠們的覓食策略是即使稍微帶有一點苦味，只要可以獲取能量的話，還是會食用。

也有稍微極端一點的研究案例，結果顯示1.87%這種高濃度食鹽水的鹹味，讓19.2%相當甜的砂糖味道，感覺減弱了82.6%[86]。這只是單純的水溶液實驗，但提到強烈甜味導致強烈鹹味感覺變弱的料理，直覺讓人想到了壽喜燒。不過這只是讓鹹味的「感覺變弱」而已，食鹽還是會攝取進入體內，所以仍須注意食鹽不可攝取過量的問題。

Column 10

法式料理幾乎完全不使用砂糖？

日本料理和中華料理都會將砂糖當成調味料使用，但在法國幾乎不會將砂糖運用在烹飪上。雖然有焦糖醋醬這類將砂糖和醋一起燒焦的東西，但重點是在苦味和酸味與梅納反應產生的香氣，並不是甜味，目的是要用來增加醬汁的濃厚風味。

二〇一七年的資料顯示，平均每一位法國人的砂糖消費量為38.8kg日本則是15.3kg。明明烹飪上不使用砂糖，砂糖消費量卻比日本高的原因，可以推測糖應該幾乎都是使用在甜點上。法國的甜點比日本的甜點更給人甜膩的印象，相信大家都親身體驗過，日本的甜點在此算是少見的清爽甜味了。

雖然真實理由沒辦法透過研究等級加以探討，這也有可能與人的血糖值有關。血糖值會在感覺到甜味的時候升高；日本料理因為會在料理中使用砂糖，所以享用完血糖值會升高。法式料理沒有甜的菜餚，雖然會食用麵包這類碳水化合物，但整體而言血糖值上升得比日本料理來得緩慢。可以想見，在用餐最後的甜點階段，想吃甜的那種心情。

Column 11

砂糖的種類和特徵

砂糖以物質來看，幾乎全部都是蔗糖。蔗糖是由葡萄糖分子和果糖分子結合之後的產物，能夠分解這個結合的就只有「酵素」而已。

主要的砂糖種類

●白砂糖

蔗糖含量99.95%，結晶比細砂糖還要大的砂糖。

●白双糖

蔗糖含量99.99%，結晶比白砂糖更小，純度更高的砂糖。

●中双糖

蔗糖含量99.95%，黃褐色的砂糖，比白砂糖的結晶還要大的砂糖。因為在表面添加了焦糖，具有獨特的風味。

●上白糖

蔗糖含量97.8%，製造時因為在蔗糖裡面添加了葡萄糖和果糖，所以得以保持水分呈現濕潤感，比單純的蔗糖甜味更強。

●三溫糖

蔗糖的比例更低，只有95.4%，礦物質含量也不高，但含有葡萄糖、果糖和水分；有的似乎也會添加焦糖的風味。

●和三盆

蔗糖含量高達99.8%的高純度砂糖，顆粒細緻且容易溶在口中，口感不會太過甜膩，常用來製作高級和菓子。將甘蔗榨成汁之後，一邊去除雜質一邊加熱，冷卻結成塊狀之後再加水精製，讓砂糖的顆粒更加細緻；在日本這個動作稱為「研磨」。隨後裝進麻布袋中並壓上重物，反覆進行擷取糖蜜的作業，讓它逐漸變白而成。

●**黑砂糖（黑糖）**

將甘蔗榨汁後熬煮而成的產品，結晶與糖蜜分離的作業完全沒有進行；黑砂糖的蔗糖濃度只有85%左右。

●**CASSONADE**

使用在法式甜點中。將甘蔗榨汁後熬煮而成的產品，某種程度上是有將結晶與糖蜜分離，也被稱為紅糖。

其他甜味劑

楓糖是將名為糖楓的樹木汁液熬煮濃縮而成，甜味成分是蔗糖。至於蜂蜜的主要成分是葡萄糖和果糖。花蜜的主要成分是蔗糖，但是蜜蜂會將蔗糖分解。

白双糖

白砂糖

上白糖

中双糖

黑砂糖

三溫糖

Q
143

製作好吃的日本醋物，方法有哪些？

去除醋酸味，用心製作的調味醋

日本的「醋物」是將各種蔬菜和海鮮類進行前置處理之後，以清爽的酸味呈現的料理。例如小黃瓜和海帶芽的醋物料理就很適合夏天，對吧！

調理方面，在蔬菜裡面加鹽，利用滲透壓讓蔬菜脫水改變口感，再加入醋和砂糖、高湯等混合之後就完成了。基本上，醋的酸味成分是揮發性的醋酸，雖然具有刺鼻的醋味（醋酸味），但是透過與鹽、砂糖和高湯等調合之後會減弱酸味的感覺，還可以有效去除醋酸味。

三杯醋（醋＋醬油＋味醂）還有各種不同的變化，除了為了呈現酸味使用醋，也可以透過添加柑橘類果汁讓香氣變得更加豐富。吉野醋就是在甜醋中加入葛粉後增添濃稠感，綠醋則是將小黃瓜的皮切碎後加到三杯醋裡面，也可以添加由生薑擠出的汁液。另外，也有蛋黃醋這類使用蛋黃製作的醋，或是添加磨碎過的芝麻等，因為發展出各種不同的產品，可以搭配食材產生不同的樂趣。

日本醋物小黃瓜和海帶芽

Q 144

全世界都有酸酸甜甜的料理，為什麼單純的醋喝不下去，但做成甜醋就會變得很美味？

酸味和甜味之間，可以互相減弱彼此的感覺，產生抑制效果。即使只有接近閾值程度的少量醋酸存在，還是可以抑制甜味，當醋酸增加時甜味又會更加受到抑制。酸味的感覺也會在添加蔗糖之後減弱，因為酸味的標準是依據pH值（請參考第212頁），只要有0.3％以上的醋酸濃度存在，即使添加大量蔗糖，酸味還是不會消失[74]。

中華料理的甜醋，日本料理的三杯醋，義大利料理的agrodolce等，各國都有將甜味和酸味完美融合的「酸甜」料理。雖然很難提出為什麼甜醋受到歡迎的證據，但是以生理學角度考量的話，因為甜味是能量的信號，是人體想要大量攝取的東西，但只有甜味的話感覺很膩，可能是這個原因所以活用酸味。當酸味存在時會感覺到微弱的甜味，同時酸味也會變得很柔和，減少刺激性的感覺，這些都是可以歸納出來的原因。讓我們期待今後有更多的研究成果！

（上）使用黑醋烹煮的糖醋排骨
（下）使用三杯醋製作的夏季蔬菜醋物

Q 145

酸味也有各種差異

沒有檸檬的時候，也可以用醋代替嗎？

檸檬汁和醋，兩者都是pH值*2～3左右的酸性物質，同樣都可以感覺到酸味，但酸味物質卻是不同的。檸檬汁的酸味來自檸檬酸這項物質，即使加熱也不會蒸發，但檸檬汁的香氣則是來自於檸檬醛等香氣成分。

醋是透過穀物或水果進行酒精發酵之後，再經由醋酸發酵製作而成的。因此會產生名為醋酸的酸味物質，讓人感覺到酸味。因為醋酸是揮發性的，即使在常溫之下也能感覺到氣味，但只要加熱之後就會蒸發，導致酸味減弱。含有醋酸的釀造醋「加熱之後可以去除酸味」，但檸檬汁即使加熱也不會讓酸味減弱。此外也有研究指出，醃泡魚肉的時候使用檸檬汁會比使用穀物醋時，更快讓魚肉變軟[88]。

就像醋有各種不同的種類一樣，柑橘類的水果種類也很多，而且各自散發不同的香氣，所以依據料理來做選擇和使用是很重要的。

＊pH值：氫離子濃度指數。用來顯示酸性或鹼性的數值，以0到14的數字表示。pH7代表中性，數字越小代表酸性越強，數字越大則代表鹼性越強。

以食用醋和檸檬汁
讓鯖魚軟化的時間推移變化

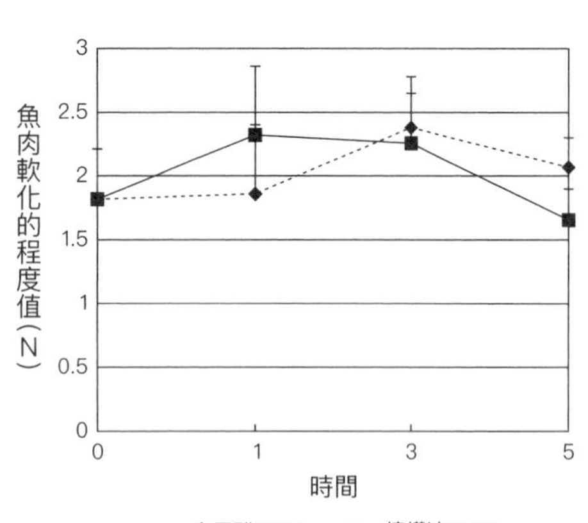

加入5%的鹽之後放入冰箱內冷藏20個小時，再以食用醋或檸檬汁醃泡。

出處：田中智子，森内安子，逵牧子，森下敏子，魚肉の硬さと食味に及ぼすレモン果汁と食酢の効果、日本調理科学会誌，2003，36卷，4號，p.382-386

Column 12

醋的種類和特徵

食用醋可以分成釀造醋和合成醋。釀造醋是以米、麥或其他穀類、酒粕與果實作為原料，進行醋酸發酵後製作的產品[89]。讓醣類進行酒精發酵後產生酒精，接著由醋酸菌執行醋酸發酵將酒精變成醋酸。可以想成是：只要是有酒的地方，附帶產品也可以製作醋。

醋的主要種類

●米醋

以米作為原料，是日本獨有的醋。因為米的蛋白質中含有許多胺基酸，具有鮮味，是日本料理不可或缺的。

●粕醋

使用清酒的酒粕製成的醋。將酒粕放置一年以上進行熟成，因為使用會產生梅納反應的酒粕作為原料，顏色是紅色的，也稱為紅醋。中國也會以糯米釀的紹興酒的酒粕當作原料來製作醋，也就是鎮江香醋。

●麥芽醋

以大麥的麥芽當作原料製成的醋，在歐美被稱為MALT VINEGAR。

●蘋果醋

以蘋果為原料製成的醋。除了醋酸之外，也含有蘋果本身的蘋果酸和檸檬酸，又叫作CIDER VINEGAR。

●葡萄醋

以葡萄為原料製成的醋，使用紅葡萄酒或白葡萄酒作為原料的法國醋，分別稱為紅酒醋和白酒醋。義大利也有將葡萄汁煮乾之後，拿來作為原料製成的義大利香醋，西班牙則有以雪莉酒這類烈性葡萄酒作為原料的雪利醋。

Q 146

想要把醬油用在法式料理中，該怎麼做才好呢？

發酵的香氣也會成為阻礙

日本的醬油從江戶時代開始輸出到西方，現在連法國的法式料理餐廳也會使用醬油，早已是非常普遍的調味料。但時至今日，似乎還有日本籍的法式料理主廚很排斥使用醬油。果然身為日本人，在製作法式料理的時候還是會有先入為主的觀念，認為一開始就該端出法國的傳統料理才行。但是現在也有很多日本籍的法式料理主廚活躍在法國業界，認為身為日本人，也可以嘗試創新的法式料理。為了達到這個目的，深入理解日本的調味料這件事就變得非常重要，而其中之一就是試著重新思考醬油的使用方式，與其本身的價值存在。

醬油的特徵包括鹹味和鮮味、透過梅納反應產生的誘人香氣，以及發酵後獨特的香氣。梅納反應在法式料理中也是非常重要的，像是烤肉或使用烤排骨取得的高湯來製作醬汁時，都會活用這項技術。

另一方面，透過發酵產生的香氣對於醬油來說是很重要的，但這在法式料理中或許會成為一種干擾。這時可以透過加熱來讓香氣蒸發，或是使用香草和辛香料做搭配，也可以產生新的香氣。

醬油有很多不同種類，香氣的強度也各有不同，重視香氣的特徵進行選擇，就會變得很容易運用。

Q
147

活用獨特的香氣

魚露，可以比照醬油來使用嗎？

魚露是將海鮮類和鹽混合，透過魚類本身具有的消化酵素，將肌肉蛋白質分解成胺基酸，然後再利用好氧生物發酵而成的液體調味料。雖然鮮味很強，但絕大部分都帶有獨特的香氣，常常被認定為是某個地區獨具特徵的調味料。

在日本，包括秋田縣的しょっつる（鹽汁）、奧能登的いしる（魚汁），以及香川縣的いかなご醬油等，東南亞地區除了泰國的nam pla和越南的Nước mắm之外，各國也都有類似產品。古羅馬帝國時期也曾經使用沙丁魚製作名為garum的魚醬。現在像是鯷魚之類的魚種還是保持類似做法，而在義大利南部有一款繼承garum流派的colatura魚醬，到今天也持續生產中。

如上述說明，鹹味和鮮味很濃的液體調味料這一點和醬油雷同，但是魚露含有很多濃烈的特殊香氣。與其說是和醬油同樣的使用方式，應該說，在誕生各式魚露的這些地方，都是效法傳統烹調方式的特點而發展出這些調味料，因此我們可以將它想成是「活用獨特香氣」的料理吧！

Column 13

醬油的種類和特徵

醬油是在世界各地廣泛使用的調味料，除了增添味道和風味之外，也具有消除食材氣味、殺菌和保存的效果，充分運用醬油的話，也能增加料理的廣度。

日本農林規格（JAS）制定的分類，主要依據原料的比例和製造方法、鹽分濃度不同等，區分成五大類。等級則區分成三個階段，這是依據胺基酸指標的總氮量進行分級，等級越高胺基酸含量越多，鮮味也會比較重。

主要的醬油種類

● **濃口醬油**：將蒸好的大豆和煎過的小麥搗碎之後混合，加入種麴進行發酵，這也稱為麴（醬油麴）。接著添加食鹽水成為醪，這時麴菌會停止繁殖，麴菌製作的蛋白質分解酵素和澱粉分解酵素開始發揮作用，蛋白質變成胺基酸，澱粉則變成糖分。隨後進行發酵熟成，乳酸菌和酵母菌會開始活動，產生酸味和香氣。接著壓榨之後取得的就是生醬油，而一般還會經過加熱手續，停止酵素活動讓品質穩定。

● **薄口醬油**：和濃口醬油同樣使用蒸過的大豆和煎過的小麥，但是會加入較多的食鹽水，並透過降低溫度的方式抑制發酵熟成，是顏色較淺的醬油。即使顏色比較淡味道還是很濃厚，而且鹽分含量高。

● **陳年醬油（たまり）**：幾乎只使用大豆製作，顏色和味道很濃厚的醬油。

● **白醬油**：幾乎只使用小麥製作，顏色很淡，甜味很強的醬油。

● **甘露醬油（再仕込み醤油）**：在麴菌準備期間使用醬油取代食鹽水的醬油，濃度相當高，強烈的鮮味是主要特徵。

Q 148

烹調味噌煮鯖魚的時候，加入味噌的時間點是？

從一開始就要抑制臭味

鯖魚是含有大量三甲胺和不飽和脂肪酸的魚類；三甲胺可以讓人感覺到魚類散發出來的氣味，不飽和脂肪酸因為很容易氧化所以容易變質。味噌煮鯖魚就是將容易散發臭味的魚類，透過含有味噌的煮汁進行燉煮之後，抑制腥味的料理方式。

實際上，添加味噌可以抑制三甲胺等揮發性成分的揮發[90]。將味噌用水稀釋後做攪拌處理，確認可以抑制腥味成分。結果顯示，攪拌後沉澱物的那層比上方清澄處的那層，分離作用還強，這是因為臭味成分被沉澱物裡面含有的蛋白質吸附的緣故[91]。

因此，為了充分活用這個作用，味噌在一開始先加熱再添加進去比較好。由於味噌的香氣也很重要，所以最後再追加少量的味噌，補充一些新鮮的香氣也不錯。

起鍋前還要再追加味噌補充香氣

Column 14

味噌的種類和特徵

味噌是將蒸過的大豆中含有的蛋白質，透過麴菌的蛋白質分解酵素進行分解後產生的大量胺基酸，可說是將麩胺酸的鮮味當成調味料運用的食品。

麴菌指的是麴黴菌；為了增生，菌絲體的前端除了蛋白質分解酵素之外，也會產生澱粉分解酵素和脂肪分解酵素，還會透過酵母進行發酵。因為這過程中引發梅納反應後產生誘人的香氣，再添加乳酸菌產生的酸味，讓味噌擁有複雜的味道和風味。

味噌有好幾種不同的種類，會依據用來繁殖麴菌的麴使用哪一種材料製作而定（依據原材料進行分類）。

主要的味噌種類

- **米味噌**：麴菌是在蒸過的米中繁殖而成的米麴，加上蒸過的黃豆製作而成。米的澱粉含量很高，可以透過麴菌的澱粉分解酵素從澱粉轉變成糖分，所以米麴的比例越高口味越甜。最甜的是西京味噌這類白味噌；西京味噌歷時一週至十天之間完成，鹽分濃度很低，大概只有5%左右。附帶一提，味噌中的蛋白質經過十天之後幾乎完全消失。因為它製作出滿滿的胺基酸，所以即使是白味噌鮮味也相當強。
- **麥味噌**：麴菌是在蒸過的大麥原料中繁殖而成的麥麴，加上蒸過的黃豆製作而成。麥麴的比例越高口味越甜，比例很低的話是因為長期熟成的關係導致鹽分增加，就會變得比較鹹。

● **豆味噌**：麴菌是在蒸過的大豆原料中繁殖而成的豆麴，加上蒸過的黃豆製作而成。鹽分很高，歷時二至三年進行熟成。因為大豆的比例很高，胺基酸因此增加，麩胺酸的鮮味也跟著增強。經過長期熟成後，透過酵母增添梅納反應的香氣成分。

以上是日本的味噌，中國則有各式各樣的醬。食用北京烤鴨時使用的甜麵醬，就是用麵，也就是麵粉作為原料的味噌，是小麥的澱粉被麴菌的澱粉分解酵素分解成為糖分，所以口味偏甜，也具有透過乳酸發酵後獨特的酸味。

中國的豆味噌稱為黃豆醬，麴菌是在蒸過的黃豆原料中繁殖製作而成；使用蒸過的蠶豆作為原料製作的就是豆瓣醬。在日本提到豆瓣醬，就會浮現加辣椒之後很辣的印象，但這個東西在中國稱為辣豆瓣醬。

米味噌（仙台味噌）

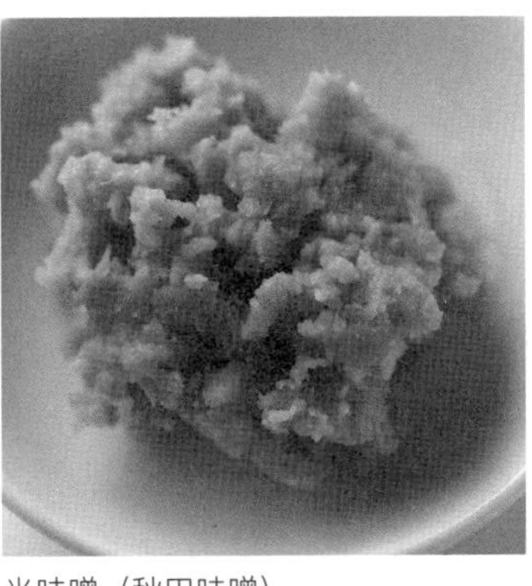

米味噌（秋田味噌）

麥味噌（愛媛縣）

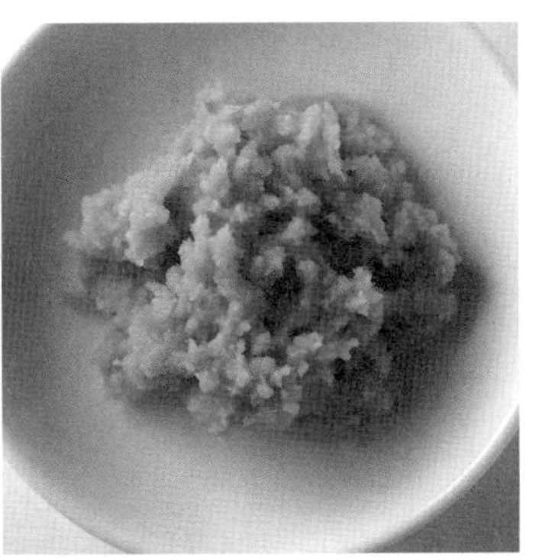

米味噌（信州味噌）

Q 149

還沒得到結論

油脂不算是一種味道嗎？

針對油脂是否算是一種味道，以及能否說是基本味道之一，目前還存在著一些爭議。就像我在專欄中提到的（請參考第22頁），基本味道的定義有很多，針對油脂，我們已經了解味覺的受器結構，也得知，透過味覺神經可以傳達資訊至腦部。關於「⑤有人因為遺傳導致欠缺對某種基本味道的感受度。」這一點，雖然不是很確定，但是其他部分都可以滿足，所以基本味道的定義似乎也沒有必要全部符合的樣子。不過「⑦可以將基本味道適度混合之後，以人工方式合成任何一種味道。」說到這點，基本味道的物質都是水溶性的，油脂就無法「混合」了。

油脂會遮蔽其他味道，讓料理變得醇厚，所以「讓東西變好吃」這一點是無庸置疑的。此外油脂氧化後的香氣對油脂的存在來說相當重要，也對料理的美味度做出貢獻。更有研究結果顯示，在蘿蔔乾的燉煮料理中加入炸豆腐這種傳統的烹飪法中，只要添加微量的菜籽油氧化味道，就會變好吃[92]。然而一但氧化過度時，油脂的氧化味會讓人覺得不舒服，也有健康方面的問題，所以某種程度為止的氧化對美味度而言是重要的。

全世界的專家都在研究取代油脂的方法，但其實它是1g＝9kcal的學問，可以有效率攝取能量的物質。身為動物，包括味覺、嗅覺和口感資訊等，人類已經進化成為了攝取油脂讓所有感覺總動員的狀態，所以想要取代它是相當困難的。

Q 150

配合氣候和土地產生變化

為什麼有各種不同味道和香氣的橄欖油呢？

橄欖油在義大利北部的利古里亞大區、中部的托斯卡尼大區、南部的普利亞大區，以及西班牙北部的加泰隆尼亞、南部的安達魯西亞，法國的東南部，以及土耳其等地生產，日本則以香川縣的小豆島和岡山縣的牛窗等地聞名。國際規格將橄欖油分成九個種類，其中特別是單純使用果實榨油的產品，達到一定標準就會被稱為「特級初榨橄欖油」。

因為橄欖油是將生的果實，以非加熱方式壓榨後取得的油，果實的差異會直接影響油的風味和色澤。橄欖本身屬於農產品，因為孕育環境的氣候和當地風土使品種產生變化，所以長年下來連味道和香氣也跟著改變。特別是抗氧化成分多酚的濃度越高，包括辣味、苦味和澀味也都會變強，會有種辛香料的感覺。

此外像是醛類、酒精類、酯類、碳氫化合物、酮類、呋喃類等，均含有各式各樣的香氣成分，與風味的感知方式有著密不可分的關係[93]。酯類等含量比較多的時候，就會有水果的感覺；醛類則是帶有青草般的香氣，各種風味都能產生出不同差異。

Q 151

辛香料才是調味料

印度料理會使用什麼樣的辛香料呢？

印度國土幅員遼闊，不同的區域連氣候也大不相同，能夠取得的食材包羅萬象。烹飪方式本身就具有區域性特徵，針對辛香料的使用方式也可以分成顆粒狀辛香料和粉末狀辛香料，分別以是否進行烘炒、烘炒的時間點，是否能溶解於油脂內，以及使用的時機點等，根據不同料理分別使用。

大部分的印度料理都有好幾項共通的基本程序，尤其是顆粒狀辛香料，都有一項英文稱為tempering，使用油脂烘炒顆粒狀辛香料的手續。透過這個方式破壞辛香料的組織，讓香氣成分溶解到油脂中。加上散發出誘人香氣是很重要的，所以這個tempering大多在調理的最開始階段執行，最後也會在料理中添加tempering過的油。至於粉末狀辛香料，則是大量使用各種辛香料作為味道和風味的基底。

日式料理只要改變醬油和味醂、酒的比例，就可以製作各種不同的料理，這個想法，與印度料理中改變辛香料的比例製作出各種料理的發想十分類似。印度料理中，鹹味會使用鹽，酸味會使用酸豆，只有辛香料才是真正的調味料。

在一開始將辛香料用油溫熱，這是印度料理基本的tempering製程

Q 152

享受辛香料的多樣性

印度料理為什麼使用這麼多種辛香料呢？

使用辛香料的意義是什麼呢？採集植物具有香氣和辣味的種子和葉片，用來消除食材的氣味，這是在法式料理、義大利料理和中華料理中都可以看到的概念。日式料理也會使用被稱為日本辛香料的紫蘇和山葵，但是使用目的都只是為了襯托食材的優點，並消除不好的地方而已。在這些國家的料理中，味道方面很重視鹹味和鮮味，中華料理和日本料理也會使用發酵食品來構成菜餚的整體風味。至於香氣部分，透過加熱產生的梅納反應則扮演很重要的角色。

如果想透過這種邏輯來理解印度料理的話，一定會覺得很混亂。在印度，因為鹹味無法用其他味道代替，所以他們會使用鹽，但是風味本身、原則上是透過辛香料構成的。印度因為幅員遼闊，料理的多樣性差異很大，辛香料在每個地區扮演的角色都是「提供味道、提供香氣、提供配色」，並且依據個別的功能性搭配合適的辛香料。在這裡提到的辛香料，以辣味的紅辣椒（辣椒）以外的香氣為主，透過大量使用多種辛香料的方式，混合成為複雜的香氣。

無論是哪一種飲食文化，都會從當地的自然環境中選取合適的食材，組合之後呈現出料理的多樣性。在印度，為了享受辛香料的多樣性，所以才使用大量的辛香料不是嗎？這樣的想法應該很貼切吧！

Q
153

活用香氣

辛香料用不完還有剩一些，除了煮咖哩之外還可以用在哪些地方？

辛香料各具特徵的香氣成分，都是以精油的形式蘊含其中。將果實辛香料搗碎成為粉末狀辛香料時，因為香氣成分容易揮發，所以粉末狀的辛香料必須盡快使用才行。辛香料雖擁有極具特徵性的香氣，但在味道方面並不是非常強烈，所以只要調整使用量，想要搭配任何料理都沒有問題。

水煮牛肉這道菜，是將辣椒放在煮好的牛肉上再淋上熱油，讓香氣散發

比照印度料理利用tempering方式將香氣轉移到油品中（請參考第222頁），只要做成香料油就可以廣泛性地使用了。中華料理也有使用tempering方式的案例，像是水煮牛肉這道四川料理，廚師最後會將含有辣椒在內的所有辛香料鋪在料理上，然後淋上熱油，增加料理的香氣。

日本料理如果也採用這種使用方式的話，或許食材風味會被辛香料的味道蓋過去，所以一直以來都只使用少量的胡椒調味。通常只要留意用量和使用方式，就可以設計出全新的料理了。在紅茶、咖啡、啤酒、琴酒等飲料中使用辛香料的例子也越來越多。以自己的方式探索新的使用方法和搭配方式，或許會很有趣。

Q 154

想要知道煮咖哩時的祕訣

日本風咖哩和印度風咖哩的差異

什麼是咖哩？這個議題也是與飲食文化有關的問題，但我想從日本普遍認知的「咖哩」作為出發點進行論述。

日本的咖哩主要受到法式料理的影響，從英國輾轉傳入，所以才會使用咖哩粉這種混合式的辛香料，獨自發展出加入奶油炒麵糊（roux）以增加濃稠度的歐風咖哩。經過長時間燉煮之後，確實引起梅納反應的深咖啡色和黑色咖哩受到大家的喜愛（也有人說隔夜的咖哩比較好吃），並成為日本人喜愛的咖哩代表。換句話說，日本人喜歡的是「咖哩粉的辛香料香氣」在某種程度揮發之後，食材因為梅納反應散發出誘人香氣，而成為美味的菜餚。因此，大家常說加了咖啡和巧克力的隱藏版咖哩很好吃，就是因為添加了梅納反應生成物，再經過長時間燉煮後而增添的風味。因此在製作和風咖哩的時候，在一些重要步驟上確實產生梅納反應，就是好吃的祕訣。也就是說，炒洋蔥和炒肉的時候，炒到快要燒焦之前的深咖啡色是很重要的。

另一方面，印度料理的咖哩（這裡指的是跟米飯、饢或印度麥餅一起食用的咖哩）特別重視辛香料的香氣。雖然不同區域會有一些差異，但無論是用油炒透香料果實或種子的tempering，或是在鍋裡徹底翻炒粉末辛香料，都是很關鍵的步驟。因為辛香料的香氣成分大部分都會溶解到油裡，透過炒這個動作可以讓香氣轉移到油中。含有大量香氣成分的油，可說是美味的重點。而肉類經過確實翻炒之後，會引發肉類的梅納反應，但或許是因為這樣一來辛香料的個性反而變得比較不明顯，所以這種咖哩似乎在印度不受歡迎。

Q 155

讓辣椒鹼溶化

只要在太過辛辣的咖哩中加入牛奶等乳製品，就可以緩和辣味，為什麼呢？

咖哩的辣味來自於辣椒的辣椒鹼，辣椒鹼是脂溶性的，有溶解在油脂中的特性。鮮奶油和牛奶、優格等乳製品因為含有乳脂肪，只要在太辣的咖哩中加入這類乳製品，辣椒鹼就會因為接觸到乳脂肪而溶解，食用的時候不容易與舌頭接觸，就會變得比較不會感覺到辣味。

在印度有一種名叫拉西（Lassi）的優格飲料，經常在用餐的時候飲用。因為很多印度料理都有使用辣椒，喝拉西可以沖淡口中的辣味，而且就每次都能享受新鮮的辣味這層意義上來看，也是很合理的做法。

設計全新的菜單

從味道和香氣的發想中
得到的提示

Column

15

構思新料理時要注意的事

我試著以科學角度來定義、構思一道新料理時的「思考方式」，但並不是單純透過科學技術和化學物質進行分析。科學的思考模式裡，最重要的就是「分解和重構」。

科學是將要素進行分解，從思考它具有的意義開始。雖然說是分解，卻也不是那麼困難。從食譜中要求的材料拆出要素、確認要使用的特定烹飪技法，都可以視為是一種分解。而從雞肉萃取雞肉高湯，也可以看作是將雞肉分解之後取出鮮味成分和香氣成分。將料理的要素分解之後，很多事情都會變得很容易理解了。

構思一道新料理時，建議各位在分解要素之後可以使用這三個祕訣。第一個是「替換食材或烹飪技術」。比方說，以馬鈴薯燉肉為例，使用鹽來取代醬油，就可以發想出鹽味馬鈴薯燉肉這道料理了。第二個是「添加食材或烹飪技術」。同樣以馬鈴薯燉肉為例，比方說添加咖哩粉就會變成咖哩馬鈴薯燉肉。第三個稍微有一點難度，或許比較適合專業廚師，就是「讓特徵更突出」。

構思新料理的3項祕訣

	構思新料理的「祕訣」	以馬鈴薯燉肉為例
1	替換食材或烹飪技術	使用鹽來取代醬油的「鹽味馬鈴薯燉肉」
2	添加食材或烹飪技術	添加咖哩粉，變成「咖哩馬鈴薯燉肉」
3	讓特徵更突出 （選定素材和料理讓人感動的要素，然後盡可能強調它）	馬鈴薯燉肉的美味要點來自於感受馬鈴薯的甜味，使用熟成且強調甜味的馬鈴薯，製作「熟成馬鈴薯燉肉」

找出食材和料理讓人感動的要素，然後盡最大可能強調這一點。我們再次以馬鈴薯燉肉來思考，假設馬鈴薯燉肉的美味要點來自於感受馬鈴薯的甜味，那麼可以想到的就是馬鈴薯在前置處理時就進行低溫熟成，透過馬鈴薯的澱粉酶（澱粉分解酵素）產生作用讓澱粉糖化，然後使用這種馬鈴薯來製作馬鈴薯燉肉。

腦中隨時意識到這三種祕訣，或許就能找到新料理的線索了。

Q156

新的日本料理

為什麼在日本料理中融入西方的元素，遠比在法式料理中融入日式要素更加困難？

討厭改變是全世界各民族共通的心理傾向，在心理學上稱為「現狀偏差」。這個現象對日本人來說幾乎完全相應，但對法國人而言又是如何呢？照理說，法國人過去應該也有不想改變法式料理傳統的心理狀態才是。然而，法式料理在一九七〇年代經歷了名為新潮烹調（新料理）的烹飪新運動，他們反覆思索應該如何製作更健康的料理，最後注意到了日本料理。經過調整之後，減少了醬汁的油脂含量，不但降低對身體的負擔，還增加了活用鮮味的料理。

法式料理本來就會擷取國土相連的義大利，以及其他眾多國家的料理精華，對他們來說，外國料理的製作方式是具有參考價值的。日本料理雖然確實也曾受到各種影響，但一來是都比不上懷石料理的影響力，二來經歷過鎖國時期，讓日本料理（尤其是料亭等高級餐廳的料理），都被侷限在一個特定框架內，而顧客也期盼如此，這種狀況已經長久持續到現在。但最近幾十年，情況開始有了很大的轉變，顧客對此也是樂觀其成。

日本料理擁有「再詮釋（見立てる）」這種很棒的想法。能活用不同國家的食材和烹飪方式，比方說將松露「再詮釋」為「香氣很好的香菇」，然後將它納入日本料理之中，這樣的手法已經確立。

料理方面，重要的是讓新穎性和熟悉度達到平衡。原則上就是：新奇的食材使用親切性比較高的烹調方式。熟悉度高的食材則使用新穎性比較高的烹調方式；如果食材的新穎性比較高的話，剛開始先使用日本料理固有的烹調方式會比較好。

Q 157

我必須為純素食者準備日本料理，做什麼樣的菜比較好？

純素食者，換句話說就是完全的素食主義，近年來已經成為一大趨勢。日本料理的發展由於一直以來都受到佛教影響，本來就有不殺生只使用植物性食材製作的「精進料理」，並發展出各種調理方式。若意識到感受美味是怎麼一回事，充分運用烹調技術的話，應該可以做出非常好吃的日本素料理才對。而且從季節感或是地區性等角度來看，植物性食材比動物性食材更加多樣化，透過不同的使用方式，素食料理日後的發展也令人期待。

為了讓人感覺到料理的美味，充分刺激五感，事前提供資訊並取得食材熟悉度和新穎性的平衡，是很重要的。針對五感，提升日本料理本身、外觀的完成度，就可以讓人產生「好像很好吃」的感覺。味道方面除了昆布高湯之外，活用乾香菇等鮮味也可以展現強烈的衝擊感。至於香氣部分，使用日式香草和辛香料，例如山葵、山椒和柚子等，就能配合不同季節呈現具有豐富香氣的料理。最後的口感部分，豐富感的「不均一感」是很重要的，藉由一口吃下，讓人感受到各種不同的口感，就會成為令人驚豔的料理。

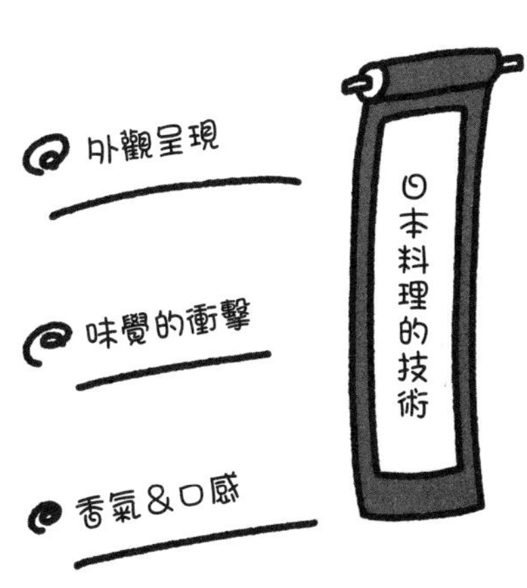

Q158

為高齡者準備法式料理

要為咀嚼力變得比較弱的高齡長者準備法式料理，該怎麼做比較好？

日本到目前為止，已經有各種貼近高齡者飲食的應對和處理方式。人上了年紀之後，咀嚼和吞嚥能力都會退化，很容易因為嗆到導致吸入性肺炎的風險增加[1]。

專為攝食和吞嚥障礙者準備的飲食已有了物理基準，在一九九四年，當時的日本厚生省制定了「咀嚼困難者用食品許可基準」和「咀嚼．嚥下困難者用食品許可基準」等高齡者專用的食品基準。二〇〇二年日本介護食品協議會也發布了通用設計食品指引，對食品的形狀和性質規格提出建議。照護高齡者的專責醫院和設施會依據規範等級，提供切碎或是絞碎的食物。

但是飲食的樂趣在於和大家吃一樣的東西，這件事很重要！所以近年來還提倡「高齡者軟質飲食」，得保持食物外形的完整性，並針對讓高齡者容易入口、容易咀嚼、容易匯集、容易吞嚥的飲食提供建議[2]。此外，NPO非營利組織日本料理學院應用了日本料理的想法和製作手法，開發出全新的「嚥下調整飲食」，他們將搗碎的食材放進模型中再次成形，賦予料理季節感和豐富的口感（不均一感），還有烤過的香氣等[3]。

法式料理也可以用同樣方式來思考不是嗎？法式料理的歷史特徵就是從中產階級料理發展而來，能將食材處理到軟嫩程度，也很擅長慕斯和可內樂（Quenelle）等魚漿料理，這些都足以應付年長者的需求。法式料理中最重要的，就是含有梅納反應誘人香氣的濃厚醬汁，所以活用香草和辛香料的香氣也是有效的方式。

Q 159

找出適合的點

我們會將鴨肉和橘子等，過去普遍認為兼容性很好的食材一起做搭配，搭配的關鍵點是什麼？

在人稱法式料理聖經的《LE GUIDE CULINAIRE》一書中，也有記載橙汁鴨胸這道料理。將鴨肉用褐色醬汁稍微煮過之後，在煮汁裡面加入柳橙汁，然後連皮一起烹調出帶有柳橙香氣和苦味的醬汁。散發誘人香氣和強烈鮮味的醬汁中，不僅帶有柳橙的酸味和香氣，還加入了苦味，成為濃厚卻很清爽的醬汁，跟鴨肉搭配堪稱是人間美味。那麼，柳橙還可以和其他肉類料理，比方說和小羔羊肉搭配嗎？鴨肉料理難道沒辦法跟其他水果搭配嗎？不需要疑惑，柳橙醬汁當然可以和小羔羊做搭配，專業主廚應該也能想到用鳳梨醬汁搭配鴨肉吧！思考並活用鳳梨的哪個特徵比較好吃，強調它的香氣，試著在燉煮之後增加甜味等，可以透過很多方式達到食材之間的平衡。

以下是筆者個人的意見，也是對專業廚師的期待，我認為最極致的狀態就是「沒有無法搭配」的食材。大家認為無法搭配的組合，其實只是還沒找到食材的「匹配點」而已。透過不同比例達到平衡，或許就能夠找到合適的匹配點。不管是用來為料理畫龍點睛，或者只是運用香氣，都是找到合適匹配點的可能性。

目前為止，全世界的飲食文化都是運用當地孕育的食材，發展出各種料理組合。不同飲食文化使用的食材組合也大不相同，對其他地區的人來說也有出乎意料的效果！尊重各種不同飲食文化，當作是一種全新的組合，我認為這就是「飲食的樂趣」之一。

Q 160

活用普魯斯特效應

如何才能做出讓人覺得懷念的料理？

料理可以牽動人的情緒，有時甚至具有感動人心的力量。讓人覺得懷念的料理，剛好適合在悠閒且愜意的美好時光下享用，不是嗎？懷念的心情會依據每個人的記憶而有所不同，對餐廳來說，要符合所有人的需求是很困難的，因此在某種程度上，如果可以讓人想起共同的體驗，或許會比較好。

要實現這一點，試著活用心理學的「普魯斯特效應」吧！普魯斯特效應是作家普魯斯特在小說《追憶似水年華》中，描寫主角將瑪德蓮蛋糕泡在紅茶裡面的時候，那股香氣讓他想起了小時候的回憶，所以心理學用它來比喻「以氣味做為契機，回想起過往經歷過的事情，並宛如重溫舊夢一般的感覺。」

透過心理學的實驗，確認五感之中的哪一種感覺能夠勾起過往回憶，結果發現嗅覺刺激（味道）和聽覺刺激（聲音）同樣都有很高的效果；然而味覺、視覺和觸覺則沒有反應[4]。此外「哪一種味道容易成為記憶的契機」這項研究顯示，常常聞到的令人感到愉快的氣味，就是強烈喚起情緒的東西，而且研究結果也顯示，那是容易加以描述的氣味。至於是喚起哪一段時期的回憶，則是以小學生時代之前的回憶最多[5]。

如果想要規劃、活用普魯斯特效應的料理，建議以大多數人在就讀小學之前都可能體驗過的親近大自然為主題，在海邊或山上露營時感受到的氣味，比方說篝火或是炭火的煙味、青草的氣味、海的氣味等，或許都可以拿來運用。如果可以更進一步加入當地的聲音，效果應該會更好。

風味×風味

為了品嘗美味的風味×風味

讓人感受美味的風味×風味

Q 161

辛香料的功用

如果涼拌豆腐和素麵裡沒有加入生薑和蝦夷蔥等辛香料的話感覺不好吃，為什麼？

辛香料的香氣極具特徵性，包括生薑、青蔥（蝦夷蔥）、紫蘇（回回蘇）、茗荷等，都分別帶有獨特的香氣。以前的人似乎會將它們拿來消毒，或是預防食物中毒，也由於帶有強烈的香氣，辛香料更常扮演遮蔽其他氣味的角色。

那麼，涼拌豆腐和素麵有這麼重的氣味嗎？筆者本身也很喜歡這兩種食物，從來都沒有感覺到臭味，但豆腐含有正己醛這種未成熟的香氣成分，相信也有人不喜歡吧！不過素麵卻沒有這個成分，但的確有人可能討厭素麵醬油中柴魚片的腥臭味，然而是否因為這種消極的理由才使用辛香料，就不得而知了。

以下是筆者個人的見解，「豐富度」對辛香料而言是相當重要的一環。豐富度就是前述「不均一感」的意思，口感和風味等不是一致的，不均一反而會呈現自然的感覺，並受到大家歡迎。它不是將這些辛香料弄成內容均一的糊狀，而是透過切碎或磨碎成為粗顆粒狀，食用的時候每次用牙齒咀嚼就會揮發香氣。對於豆腐和素麵這類均一的食品而言，這樣的豐富食感是很重要的。

Q 162

放在竹筍土佐煮上的日本花椒，以及燉煮芋頭時撒柚子粉等，有什麼意義？

不是單純的裝飾而已

山椒的嫩芽稱為木芽，當嫩葉發芽後大約四至五個月就可以收成。山椒是日本原生種芸香科花椒屬的植物，含有羥基-α-山椒素這項香氣成分。在「竹筍土佐煮」這類大量使用柴魚片的料理中，能透過它達到遮蔽魚腥味的效果。

柚子屬於芸香科柑橘屬，未成熟的青柚子從夏季到秋季，成熟的黃柚子則是從秋季到冬季期間進入產季。柚子在歐洲也開始受到歡迎，柚子的香氣成分除了果實之外，柚子皮裡面的香氣含量也很高。和其他柑橘類一樣，絕大部分的香氣成分都是檸烯，但是柚子特有的香氣中，稱為Yuzunone或Yuzuol的香氣成分二氫茉莉酮，扮演著很重要的角色[1]。例如為了遮蔽芋頭的土味，柚子皮就扮演了舉足輕重的角色。

除了這些遮蔽效果之外，日本香草因為有固定的產季，香氣也獨具特色，足以象徵那個季節並讓人意識到四季更迭。依據不同季節和不同料理使用的日本香草，有能讓人感受日本四季的重要功能性。

(左) 在「若竹煮」上添加木芽
(右) 在蕪菁料理上添加黃柚子

Q 163

控制用餐者的行動

法式料理的擺盤、醬汁和配菜的布局，讓人不知所措，怎麼樣安排比較好？

無論是哪一種領域的料理，擺盤都是讓用餐者感受美味的第一個來源，是非常重要的。也有心理學研究指出，將現代繪畫藝術的配色呈現在餐盤色彩上，具有提升價值的心理暗示。但是擺盤不單只是外觀的問題而已，它不但可以控制用餐者的行動，也能引導食用的順序和沾醬汁的方式。

比方說，醬汁鋪在主菜下方或是淋在上面，吃進口中那一瞬間的味道感知方式完全不同。當醬汁鋪在主菜下方的時候，因為叉子是從主菜上面刺下去，送進口中的時候，醬汁會先和舌頭接觸並感覺味道，咀嚼之後主菜遭破壞才會和醬汁混合在一起。但如果是將醬汁淋在食材上面，首先接觸到舌頭的是主菜，所以得開始咀嚼之後才會感覺到醬汁的味道。

如果是先單獨品嘗主菜，隨後才和醬汁混合一起食用的話，這時會在餐盤的左側放置主菜，並在它的右側擺放醬汁，這種狀況先單獨品嘗主菜的可能性會大大提升。當然，食用的方式得交給用餐者自行決定，不會要求所有人都必須照做。如果事前知道用餐者的慣用手，配合著調整擺盤也很重要。

針對配菜部分，若希望對方在食用主菜和醬汁組合之後，才接著食用的話，慣用右手的情況下只要將配菜放在最右邊，就能降低一開始就吃配菜的可能性。

此外，有時也會將味道濃郁的醬汁以點狀的方式進行擺盤，這是希望用餐者在享用主菜的過程中，主菜可以單獨沾那個醬汁，目的是為了改變醬汁味道所給人的印象，針對這層涵義。服務人員也可以對顧客補充上述說明。

當盤子放在顧客面前的時候，正是廚師和顧客之間進行的最後溝通，也是有意識地控制顧客行動的唯一手段，所以擺盤方式才如此多樣。

擺盤的時候主菜和醬汁、配菜之間的位置關係

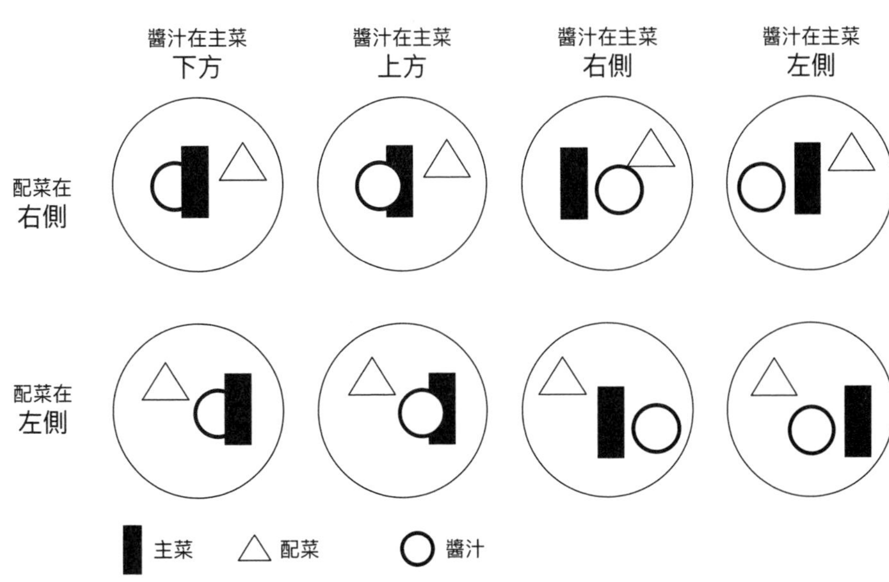

Q 164

讓壽司變得更美味的食用順序是什麼？

比照套餐的方式享用

日本的懷石料理或法式料理中的套餐，這類已經決定好上菜順序的料理，主菜通常都是最能夠讓顧客心情振奮的菜餚。日本料理中，宴席的宴會料理和茶會的懷石料理，上菜順序不同。宴會料理會在類似下酒菜的小盤料理之後，陸續送上椀物（湯品）、刺身（生魚片）、燉煮物、燒烤物等。法式料理則是在作為前菜的輕食料理之後，陸續送上魚料理和肉類料理。兩者的共通點是，剛開始透過清淡的小盤料理增進食慾，然後逐漸進入味道比較重的菜，並一直連結到主菜，以這樣的流程居多。

這些套餐通常會使用蔬菜、魚類和肉類等各式食材，但是壽司基本上以魚類占了絕大部分的比例。之所以不會吃膩，是因為壽司使用的醋飯裡頭添加了醋，透過醋的酸味產生清爽的後味，所以不會有吃膩的感覺。

原則上，我們可以按照自己喜歡的順序品嘗壽司，但若以宴會料理和法式料理的套餐模式來享用也不錯。以下是我個人的一點建議，一開始先從酸味比較重的窩斑鰶（コハダ）開始，接著依序是白身魚和烏賊，然後進入紅肉的鮪魚，享用完鮮味很強的蝦子和魚腹（トロ）部位之後，將擁有梅納反應誘人香氣的鰻魚和味道濃厚的海膽當作主菜，最後再吃甜的蛋壽司當甜點，這樣就能以類似套餐的形式享用壽司了。

此外，也可以將重口味的壽司和清淡的壽司交錯品嘗，這也是壽司才能夠實現的享受方式，這麼一來更不會有吃膩的感覺了。不管怎麼樣，壽司的樂趣就是自由自在不受拘束，享受當季的風味，品嘗喜歡的味道才是最重要的。

Q 165

料理想要搭配合適的酒，請問有基本的搭配模式嗎？

活用兼容性的搭配特徵

酒類和料理的結合（mariage）是歷久彌新的課題。所謂的結合，簡單來說就是當這款酒類和這道料理一同品嘗的時候感覺很好吃。一直以來，人們都認為當地料理要搭配那個地區的葡萄酒，但也有必須讓葡萄酒和料理比重一致的說法。所謂的比重，就是要考量醬汁濃度和油脂量的意思。此外，也有紅肉就要搭配紅酒，魚肉要搭配白酒等，將酒類和料理的顏色統一等說法。這些想法的確都很好，不過若侍酒師和廚師的喜好不同，或是感覺不同的時候，就會互相依據自己的感覺，演變成「適合」和「不適合」的爭論。所以，依據近年來的研究結果，我們在此提出一種分類，希望能成為廚師和侍酒師之間的共同語言，在料理和葡萄酒或是其他飲料之間，提供搭配的兼容性建議。

「WASH」是洗淨的意思，酒精類飲料有溶解油脂的功能，同時具有洗掉油脂的作用。此外，紅酒中含有的單寧與唾液的蛋白質結合，不僅可以洗去油脂，碳酸本身也具有洗去油脂的效果。

「WASH」是透過同時品嘗飲料和料理，感受到全新風味的意思。因為嗅覺受器與不同的香氣成分結合之後，可以感受到個別香氣所感受不到的風味。料理和葡萄酒，即使無法感覺各自風味，透過兩者的結合，也能讓人感受到其他美妙的風味，這才是配對的醍醐味不是嗎？

「SUPPLEMENT」，例如在必須使用莓果的料理中刻意不使用莓果，而是選擇調和酒中具有莓果香氣特徵的紅酒來跟料理搭配，享受嶄新搭配的兼容性。

「SHARE」是在侍酒師的領域中十分受到重視的觀念，是將具有同樣香氣的東西搭配在一起，呈現良好的兼容性。

「WEAK／STRONG」，是指料理和飲料之間彼此互為強弱時的狀態。比方說，具有酸味的葡萄酒會減弱料理的甜味和鮮味，給人洗去氣味後的清爽感覺。

「BAD FLAVOR」，堪稱是必須避免的兼容性組合。依據田村先生的說法，含有大量鐵離子的葡萄酒，和本來就很容易氧化的魚肉脂質同時放入口中，就會在嘴裡促進脂質氧化，導致產生腥味的感覺[2]。

「DOMINANT」指的是，飲料和料理其中一方的強度較高或品嘗時間過久，導致強度比較高和時間比較久的那一方印象更為突出，也可說是必須避免出現的搭配組合之一。

接著，從不同觀點活用這些搭配的兼容性特徵，提出制定搭配規則時的建議。

「複雜度」COMPLEXITY重視的是具有複雜性，組合後感覺比單純的風味更好吃，這一點十分需要重視。意思是，好幾種風味和味道在短時間內改變的狀況，或許也可以說是「豐富感」。

「和諧」HARMONY的意思是，儘管感覺到複雜的味道和風味，因為必須達到一體感，所以得進行調和。

「平衡」BALANCE是料理和葡萄酒中的任何一方都不會勝出，也就是上述的DOMINANT（互不主導），即不偏頗任何一方的狀態。

飲料和料理的搭配形式

分類	概要
WASH	洗掉
NEW	透過兩種香氣的結合，感受個別香氣無法取得的風味，是令人感動的美妙風味
SUPPLEMENT	藉由葡萄酒補足料理的要素
SHARE	具有同樣的香氣成分
WEAK/STRONG	相互增強或減弱（混合抑制、溫度）
BAD FLAVOR	脂質氧化物等不好的氣味在口中發生，必須避免的組合
DOMINANT	飲料和料理其中一方的強度太強烈，或是感受時間太久，必須避免的組合

飲料和料理的搭配原則

搭配原則	概要
COMPLEXITY	短時間之內感受到各種感覺和風味
HARMONY	不同感覺和風味一起感受
BALANCE	兩者都不干預、不偏哪一方

Q 166

洗掉油脂

和澀味比較重的紅酒搭配，兼容性會很好的料理是什麼？

比較酸澀的紅酒，因為具有洗去油脂的沖洗、WASH作用，適合搭配油脂很多的料理。紅酒中多酚的單寧成分含量很高。單寧具有與蛋白質結合的性質，鞣製皮革的時候也會使用單寧。當我們食用油脂含量較高的料理時，油脂殘留在口中感覺很膩對吧？這時口中會分泌唾液，嘴裡會成為油脂和唾液共存的狀態。單純只有唾液的話，沒辦法將油脂完全沖走，但是唾液中存在著帶有黏度的蛋白質，這種蛋白質會與紅酒中的單寧結合後，包覆在油脂上，形成容易沖洗的狀態。像這樣容易洗去口中油脂，呈現「適合」的感覺，這種兼容性在此稱為WASH。

因為口腔黏膜本身是由蛋白質組成，單寧除了唾液之外，也會大量貼合在口腔裡，所以喝紅酒之後單寧也會逐漸在口中累積。

Q 167

降低鹽分和鮮味

哪一種料理和酸味比較重的紅酒搭配，兼容性比較好？

酸味比較強的紅酒會讓鹽分和鮮味很重的料理味道減弱，所以適合和重口味的料理做搭配，這是因為酸味具有讓鹹味和鮮味感覺變淡的作用。此外酸味也可以讓口腔分泌大量唾液，所以像是鹹味和鮮味等水溶性的味道成分，也會變得容易洗掉。

我們已經知道，同時品嘗到很多種味道時，味道之間會互相影響。鹽分和鮮味也會讓紅酒的酸味感覺減弱，彼此可說是互相產生好的影響。

由西拉葡萄製作，具有酸味的紅酒，在與帕馬森起司（十八個月熟成）、英格蘭切達起司（十八個月熟成）、伊拉堤起司（六個月熟成）、戈貢佐拉藍紋乳酪（六個月熟成）的搭配與兼容性研究中，葡萄酒和英格蘭切達起司的味道與風味的主導性偏頗最低[3]，在強度方面取得平衡。搭配帕馬森起司時是起司勝出，搭配伊拉堤起司與戈貢佐拉藍紋乳酪則是由葡萄酒勝出。這是因為實驗中使用十八個月熟成的英格蘭切達起司，它的奶油味加上醇厚的鮮味和鹹味剛好與西拉葡萄製作的紅酒酸味一併感覺到，所以互相抵銷了對方的味道。

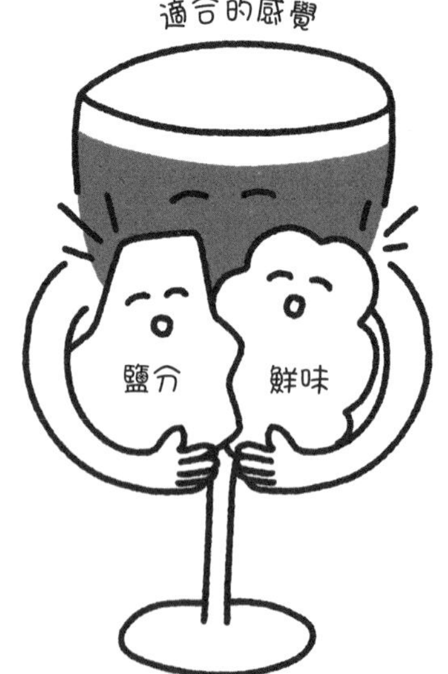

Q 168

任何料理都可以搭配

哪一種料理和辣口的白葡萄酒搭配，兼容性比較好？

白葡萄酒的「辣口」並不是因為添加辛辣成分的關係，而是指甜味比較弱，具有某種程度的酸味，用文字來表達有一定的難度。針對這類白酒也會使用「礦石風味」、「礦物感」等描述方式來說明，但在這裡一樣不是指鈣質和鈉等礦物質含量很高的意思，得搞清楚定義。[4]但不管是哪一種說法，這些都是白葡萄酒的重要特徵，也有很多人喜歡喝這樣的葡萄酒。

至於與料理搭配的兼容性，無論和哪一種料理搭配，都不會影響料理本身的口味，在搭配上沒有任何問題。如同前面單元所做的說明，針對香氣的部分，因為嗅覺受器已經認識香味成分的形式（請參考第31頁），透過不同的香氣組合方式，我們可以感覺到全新的香味。依據不同的葡萄種類，以及散發很多華麗香氣的品種，和使用香草的料理做搭配就能產生全新的香氣感覺，這類「嶄新」的兼容性也是值得期待的。

Q 169

務必要記住的兩件事

哪一種葡萄酒和日本料理的兼容性比較好？

日式料理中以套餐形式呈現的懷石料理，與法式料理相比，油脂含量比較少，給人清爽不油膩的印象。當然還是會依據實際的料理而有不同的做法，像是使用柴魚片的一番高湯的風味作為料理特徵時，你也可以感覺到柴魚片的煙燻香吧！白酒品項中，使用夏多內品種的葡萄製作的酒，大部分都會因為在啤酒桶內熟成，而沾染上啤酒桶的香氣，由於可以感覺到跟柴魚片的煙燻香共通的香氣，就兼容性的角度來看，兩者的SHARE感是值得期待的。

此外，因為日式料理常常使用魚肉，如果搭配鐵離子含量較高的葡萄酒，魚的脂質有很高的可能會產生「口感不佳」的感受。由於葡萄酒很少在瓶身標示鐵離子的濃度，我們或許也很難在事前掌握這點，所以先記住這個現象會比較好。

Q
170

日本清酒適合與法式料理或中華料理做搭配嗎？

SHARE與BALANCE的搭配

日本清酒含有大量胺基酸和糖分，也有口味偏酸的酒款，可以與料理進行多樣性的組合搭配。如同在日本酒的味道和香氣表現用語中提到的（請參考第47頁），日本清酒中也有可以感受到辛香料的香氣和焦臭、果實香氣的酒款。因為法式料理和中華料理之中也有可以感受這類香氣的菜餚，選擇具有同樣香氣的日本酒來搭配也不錯。

比方說法式料理中，像是布列塔尼半島的菜餚，或是一些南法地區的餐點，使用海鮮和番茄製作的菜色有許多跟日本料理共通的要素，SHARE就是可以期待的。

至於中華料理之中的四川料理和湖南料理等，在麻辣味（辣椒的辣味和花椒的麻）比較重的狀況下，日本酒的風味就會被蓋掉了。但如果是上海料理這種偏甜辣口味的燉煮料理，或是廣東料理和香港的上湯等具有鮮味的菜餚，依據味道和風味的強度，可以期待與日本酒達到BALANCE。

Q

171

可以取得平衡的組合

哪一種料理或食品適合搭配甜酒呢？

甜酒之中，使用貴腐葡萄製作的貴腐葡萄酒常常用來當作點心酒，單獨飲用的人也不少。

據說甜的葡萄酒和藍紋起司的兼容性很好，研究結果也顯示藍紋起司這類擁有強烈味道和風味的食品，與甜葡萄酒搭配相當受到大家喜愛。原因就是：可以在味道和風味強度上取得平衡[5]。換句話說，關於葡萄酒和食物的兼容性，如果其中一方的存在感太過強烈，就會破壞平衡，進而「感覺不好吃」。依據這個理論，比方說白葡萄酒中，使用格烏茲塔明那品種的葡萄等，甜味比較重的葡萄酒，得搭配像是使用濃郁醬汁的肉類料理，像這樣在某種程度上搭配味道和風味比較重的東西，才能夠享受達到平衡的兼容性吧！

此外，透過酸味可以讓甜味的感覺減弱，刻意與醋（vinegar）或是柑橘酸味比較重的沙拉，以及醋物等料理做搭配，即使料理的酸味過重，還是可以透過葡萄酒的甜味沖淡酸味的感覺，達到完美的平衡。

適合搭配甜葡萄酒的起司是什麼？

甜葡萄酒與羅克福起司的兼容性

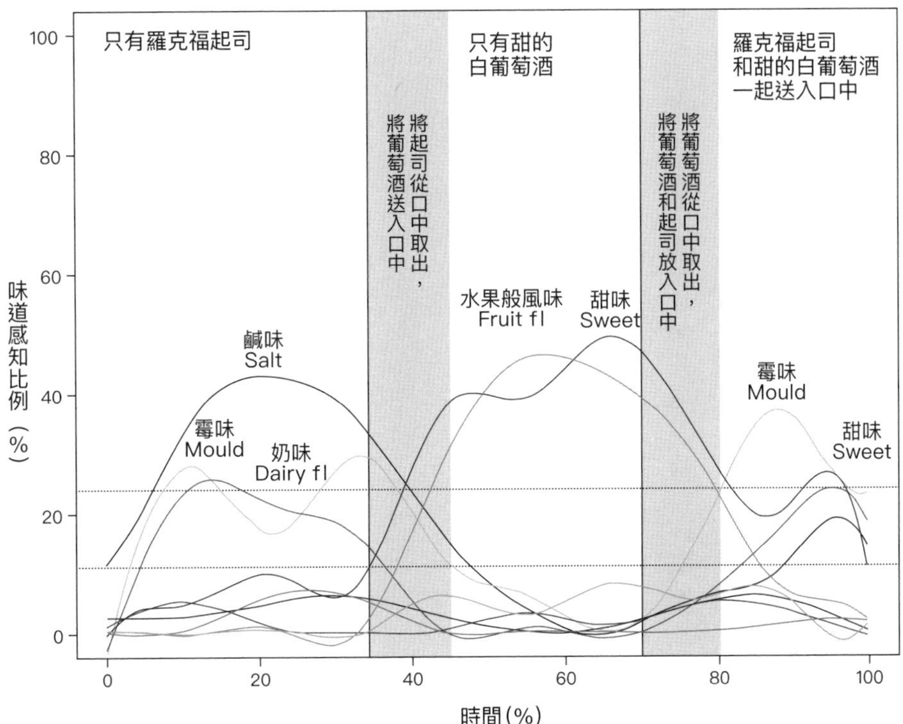

透過時間感覺支配法(TDS法)量測起司和葡萄酒的感知方式變化。

出處：Nygren, T., Nilsen, A. N., & Ostrom, A. (2017). Dynamic changes of taste experiences in wine and cheese combinations. Journal of wine research, 28(2). 105-122.

Q
172

補強酒精的特徵

使用無酒精飲料和料理做搭配時，有什麼需要注意的事情嗎？

近年來無酒精雞尾酒大行其道，一般稱之為Mock-tail*。就連搭配無酒精飲料的飲食風潮，也都大致發展成熟了。廚師和侍酒師可以自由發揮創意，進行各式各樣的大膽嘗試，至於在口味方面，就得事先理解它和酒精性飲料之間的差異。比方說酒精的特徵包括溶解油脂和揮發香氣，這些效果若都無法獲得滿足，就必須透過其他方式補強才行。

關於酒精能溶解油脂的效果，可以使用具有同等功效的茶，或者葡萄的單寧和碳酸來取代。關於香氣的揮發，可以透過提升溫度，或是使用碳酸來補強。使用香草的話，因為香草的香氣成分不會溶解於水中，可以促進揮發，讓香氣感覺更加強烈。

請自由發想想像組合各種素材，並且透過技術性的嘗試，讓無酒精飲料的世界更加寬闊吧！

＊Mock-tail：由mock（模仿）和cocktail（雞尾酒）兩個字組合而成，意指無酒精雞尾酒的創建詞彙。

Mock-tail＝無酒精雞尾酒

Q 173

單品料理中，如何有效運用兼容性來達到很好的香氣效果？

如何找出兼容性很好的香氣

所謂兼容性很好，可以將它想成是當我們要同時體驗兩種不同的東西，會比起個別體驗時獲得更高評價的狀態。在第241頁中已經針對飲料和料理的搭配（兼容性）提出分類方式的建議，這些分類也可以應用在單品料理上面。

「SHARE」：兩種食材具有同樣的香氣成分，或是能感覺到同樣的香氣而被認定為兼容性很好。這個概念也被稱為Food pairing，特別是在法式料理中運用很多這種類型的想法，包括主菜和醬汁、主菜和裝飾用配菜（garniture），或是主菜和葡萄酒的搭配等。但是不見得每一次兼容性必定都會很好，雖然會是嘗試的契機，但還是必須實際品嘗之後才知道結果。

「NEW」：味覺部分，比方說甜味受器和鹹味受器是完全不同的，即使一同品嘗甜味和鹹味，也只會分別感覺到甜味和鹹味而已，換句話說就是A＋B＝AB的感覺。但是香氣則是A＋B＝C，是全新的香氣感覺。這種全新的香氣如果是好聞的氣味，就有可能被判定為搭配的兼容性很好。

「DOMINANT」：主要食材和次要食材其中一方的香氣或味道的強度太過強烈，或是感覺的時間太長（成了主導狀態），吃的印象就會偏向其中一方。如果在差不多的狀態下，會被判定為兼容性很好，這種狀態就是達到BLANCE的平衡。

「COMPLEXITY」：味道和風味越複雜感覺越美味，也常被認定是兼容性很好。

「HARMONY」：雖然很複雜，但是和諧的一體感是不可或缺的，使用個性天南地北且差異過大的食材進行組合時，由於沒有一體感，就不能說是兼容性很好。如果使用個性不同的東西作為主要食材和次要食材進行搭配時，思考如何「連結」（liaison）會比較好。在法文中liaison是連音的一種，就是「連結」的意思。比方說單品料理中，主要食材和裝飾用配菜的關係，用醬汁當作liaison來使用的方式等，選擇葡萄酒就能讓料理和料理之間產生連結。

透過上述針對搭配兼容性所做的分類，無論是在設計料理或進行討論的時候都非常有用。我認為搭配這個判斷，比起「好吃」和「喜好」等單純的想法還要來得正確。

此外，活用香草和辛香料也是有效的方式。這些都是地區性很強烈的食材，也很容易讓人感覺到季節感。不習慣的香草和辛香料讓人產生新奇感，習慣的東西則讓人產生親近感，料理很容易就可以掌控整體印象。

其實，香料才是決定料理印象的東西。布里亞－薩瓦蘭（Brillat-Savarin）也說：「發現新的料理比發現新的星星對人類的幸福更有貢獻度。」思考全新的料理，這件事就如同在黑暗中摸索一般，這些想法都會成為指引的方向，不是嗎？

Q
174

日本料理和法式料理是不同的思考

製作套餐料理（日式／西式）的時候，香氣效果要怎麼使用最好？

套餐料理，從開始到結束宛如訴說了一個故事，可以將它想成是一套取悅客人的架構。整套流程的構成，就是展現廚師手藝的精隨所在。

大家都說，日本料理與法式料理的思考模式是不同的。日本料理會在菜和菜之間做出明確的區隔，因為不希望殘留前一道料理的香氣，所以會飲用具有味道洗淨力的日本酒。

日本料理因為醬油和高湯等調味料的共通性很高，如何活用食材本身的香氣，並隨著每道料理改變具有季節感的日式香草是很重要的。

至於法式料理，即使是單品料理也有重要的「連結」，這個概念在套餐組成上是很重要的。在料理中使用的食材和醬汁、香草，以及葡萄酒的香氣是複雜而且多樣性的。因此在思考每道菜之間的關聯性時，意識到「香氣的連結」，雖然不是完全一模一樣的香氣，但使用一部分共通的香氣這件事是很重要的。比方說，前菜使用蝦子和茴香來製作，就得思考蝦子和茴香那甜甜青草香氣的串連。為了賦予不同的印象，下一道料理使用具有酸味和青草香氣的酸模等香草醬汁來搭配主菜鮭魚，類似這樣的連結。這時，來杯具有青草印象的白蘇維濃的白葡萄酒，應該非常搭。

Q 175

猴子的進化

在吃套餐的時候，餐廳送上了裝在小玻璃杯裡面的甜點，是有什麼樣的意義嗎？

在肉類料理上桌之前，餐廳會先提供格蘭尼達（Granita，粗的雪酪）或sorbet等，冰涼又帶有甜味或酸味，同時具有香氣的冰品。「套餐形式」是從十九世紀以來開始出現的習慣，並一直沿用到現在，據說目的是為了幫肉類料理提味。肉類料理是溫熱且有鹹味的，在那之前食用冰涼且帶有甜味或酸甜的食物，會產生想要吃完全不同味道的肉類料理的渴望。這也是人類被稱為「吃美食的猴子」的原因。[6]

人類是雜食性動物，但與老鼠的雜食性不同，老鼠是任何東西「都能吃」的雜食，而人類是任何東西「都想吃」的雜食。人類讓自己的身軀大幅進化的同時，也進化成想吃「多樣化食物」的生物。吃同樣的東西就會有「吃膩」的感覺。所以如果是套餐料理，隔一段時間盡可能端出不同味道的食物，就可以讓用餐者不會有吃膩的感覺了。

Q
176

咖啡、紅茶、香草茶……該選哪一種餐後飲料作為套餐的結尾，有好的建議嗎？

試著從「和甜點搭配與否」來思考

法式料理的套餐，最讓人印象深刻的就是甜點了。因此也有許多店家特別針對甜點投注心力。最後的飲料則是與飲用之後的印象有關，「該喝哪一種」可以透過「你希望以什麼樣的心情結束套餐料理」來思考。

也有店家會因為咖啡的風味太過強烈，會導致顧客忘記套餐料理的整體印象為由，決定不提供咖啡，但原則上當然還是依個人的喜好來決定。如果真的無法決定的話，建議可以透過「和甜點搭配與否」來思考。比方說甜點如果是巧克力之類的，咖啡和同樣產生梅納反應的香氣吻合，就有可能讓整體印象延續。如果是紅茶或是花草茶的話，會打壞對巧克力的印象吧！假如是大量使用水果的甜點，或許可以選擇帶有水果香氣的紅茶或花草茶。餐廳業者也不妨也透過這樣的觀點，試著提供建議給顧客參考。

基本用語、基礎知識

閾值

指引起某個反應所需的「最小刺激強度」，在味覺和嗅覺方面指的是，味道物質和氣味物質可以讓人感覺到味道和氣味的「最低濃度」。閾值又可以分成檢知閾值和認知閾值；檢知閾值指的是，雖然不知道是哪一種東西，但是可以感覺到味道和氣味的閾值，而認知閾值則是指，可以確切分辨出味道和氣味的閾值。

離子

離子是指原子帶有正電荷或是負電荷的狀態；帶有正電荷的稱為陽離子，帶有負電荷的則稱為陰離子。比方說，鹽的物質名稱是氯化鈉，是由鈉離子和氯離子結合而成，溶於水中就會完全電離成為氯離子（Cl^-）與鈉離子（Na^+）。

遠紅外線

紅外線是波長介於可見光與微波之間的電磁波，熱輻射被其他物質吸收之後，構成物質的原子和分子的熱運動增加，導致物質的溫度上升。紅外線可以分成波長比較長的遠紅外線（3μm～1mm）和波長比較短的近紅外線（0.78μm～3μm）。遠紅外線幾乎無法穿透物體，比近紅外線更容易被食材表面吸收後，轉化為熱能。

極性

一個共價分子中，電荷的分布存在不均勻性。例如水分子H_2O是由兩個氫原子和一個氧原子組成，氧原子的原子核（正電）被氫原子的電子（負電）吸引，導致水分子內，氧原子偏向正電，氫原子偏向負電，所以水分子屬於極性分子之一。至於非極性分子指的是，分子內沒有電荷分布不均的問題，例如酒精和油都是。

肌肉

脊椎動物的肌肉可以分類為骨骼肌、心肌、平滑肌等；心肌是心臟的肌肉，平滑肌則是胃壁和腸壁的肌肉。骨骼肌大多數都是由粗度0.1mm左右的圓柱狀肌纖維組成。肌纖維包含許多肌原纖維，以及充斥在間隙中的肌漿。肌原纖維是肌肉收縮的基本單位，主要成分是細長條狀構造的蛋白質，名為「肌動蛋白」，以及較粗的線狀構造的蛋白質，名為

骨骼肌的構造

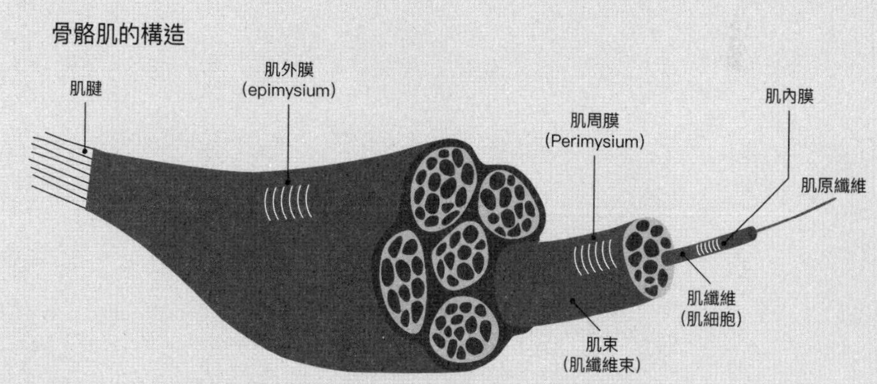

「肌凝蛋白」。肌肉收縮，就是這兩種條狀構造相互重疊之後，導致整體長度變短的現象。肌纖維組合成束，稱為肌束；包裹肌束的結締組織薄膜稱為肌周膜（Perimysium）；將肌束統整包覆的結締組織薄膜則稱為肌外膜（epimysium）。魚肉肌纖維的亞顯微結構和牲畜肉的幾乎相同，但是因為魚生存在水中，和牛、豬、雞等受到的重力影響不同，所以支撐和移動身體所需的能量很少，骨骼和結締組織就比陸生動物還要弱。此外，魚肉的肌肉是由短纖維集合起來的肌節這個構造，以及在筋節和筋節之間，由白色膜狀結締組織的肌間隔組成。

肌肉（肉類、魚肉）加熱後的變化

牲畜肉的肌凝蛋白大約在50℃時變性並開始凝固，這時與肌凝蛋白結合的水分會受到擠壓，變成肉汁而被擠壓到細胞外；這就是牛排稱為Rare的半熟狀態。當肉類的溫度升高到60℃左右時，結締組織的膠原蛋白會收縮，施加壓力在肌細胞上導致肉汁大量流出。70℃時，結締組織的膠原蛋白開始溶解，超過90℃之後就會急速溶於水中（明膠化）。

然而魚肉加熱時，即使是用比牲畜肉加熱還要低的溫度，還是會產生各種變化。魚肉的肌凝蛋白大約在40℃時變性後開始凝固，與肌凝蛋白結合的水分受到擠壓而從細胞裡面滲透出來。因為魚肉的膠原蛋白壓縮力很弱，所以結締組織的膠原蛋白不會對肌細胞進行壓縮的作用。結締組織的膠原蛋白明膠化的溫度很低，只有65℃。牲畜肉可以透過低溫慢火加熱的方式讓口感軟嫩，但是魚肉因為肌肉中含有的蛋白質分解酵素活性很強，以55℃左右的溫度區間慢慢加熱的話，蛋白質分解酵素的活性會增強，魚肉會變軟導致支離破碎的狀況。

感官評價

人類運用五感（味覺、嗅覺、視覺、聽覺、觸覺）進行評價的統稱，廣泛運用且成為食品開發的手段之一，並透過國際規格ISO、美國規格ASTM、日本規格JIS等進行規格化。食品部分雖然量測儀器很發達，但是也有無法透過量測儀器檢測的特性，具有迅速、簡單、價廉且精度很高等優點。尤其是針對美味度（適口性），這個無法單純透過感官評價來量測的東西。感官評價分成分析型和偏好型；分析型是將人類當成量測儀器，針對品質特性進行訓練的評價方式，而偏好型則是依據喜好進行判斷。感官評價一定會受到心理誤差影響，所以設計評價方式時盡可能排除影響是很重要的。心理上的誤差則有順序效應（品嘗的順序造成對最早品嘗的東西有過度評價的傾向），以及對比效應（兩種刺激有相互衝突或互補的傾向）。

麩胺酸鈉

麩胺酸是一種胺基酸，是昆布的鮮味成分。現在可以透過發酵方式，使用從甘蔗採集到的糖蜜和澱粉進行製作。麩胺酸鈉是麩胺酸的鈉鹽。麩胺酸很難溶於水，但是製作成鈉鹽之後，只要溶於水中就很容易電離成為麩胺酸和鈉，意思就是製作成鈉鹽就很容易溶於水裡。

膠原蛋白

膠原蛋白構成真皮、韌帶、肌腱、骨骼、軟骨，也是將肌纖維結合成束的結締組織的蛋白質之一。膠原蛋白分子是由螺旋狀的三條胜肽鏈組成，是有著更緊密結合的構造。在水中加熱之後，就會變性收縮增加肉類的硬度，繼續加熱的話構造會遭到破壞，溶於水中變成明膠。

凝膠

凝膠至少由兩種以上成分組成，屬於液體分散在固體中的一種膠體，不具有液體的流動性。凝膠狀物質在自然界之中很常見，因為細胞質（在細胞膜之中）是凝膠狀的，所以常在食品中見到這種狀態。稠化劑（明膠、果膠、寒天、卡拉膠等）則可透過人工方式製作；稠化劑的分子很長，可像毛球一樣摺疊。將添加稠化劑的液體加熱，當溫度冷卻的時候，稠化劑的分子與液體結合的同時也能製作成網狀構造，喪失流動性成為凝膠狀。

酵素

酵素分子是在生物體內引發化學反應的觸媒，由蛋白質組成。能成為化學反應原料的物質稱為受質，讓酵素產生反應的受質會依據每種酵素成分而有不同，這就是受質的特殊性。也就是說，分解蛋白質的蛋白質分解酵素沒辦法分解澱粉。此外，酵素反應有著最能夠提升酵素活性的溫度和pH值，加上酵素本身就是蛋白質，會因為熱源和pH值、鹽分濃度、溶劑等導致立體結構改變，使酵素反應無法進行；這種狀態稱為酵素的失活。

氧化聚合作用

兩種以上物質因為氧化而變得容易結合，使結合加速進行，成為更大的物質。通常，由脂質和單寧等啟動這個作用。

脂質氧化

油脂（脂質）是由一個酒精分子和三個脂肪酸分子結合而成的物質，依據結合的脂肪酸種類不同，性質也有很大差異。脂質氧化透過氧氣與脂肪酸反應後產生，不同脂肪酸的氧化難易度也有所不同。常溫下也會進行氧化，稱為自然氧化，透過高溫（160度～230度）調理則會產生熱氧化。這些氧化反應會產生各種脂質的氧化物，散發出令人討厭的臭味，但微量存在時，則扮演能讓人感覺油脂香氣的重要角色。

受體

受體存在於生物細胞的表面，接收來自細胞外部的刺激，是將刺激的資訊傳達到細胞內部的一種蛋白質。也被稱為receptor。比方說存在於鼻腔中，接收氣味物質的是嗅覺受體，位在口中接收味道物質的就是味覺受體。

味蕾

味蕾是在舌頭和軟顎，可以感覺味道的器官，位在稱為乳突的突起狀構造中。（請參考第30頁）在舌頭的表面有絲狀乳突、蕈狀乳突、葉狀乳突、輪狀乳突，絲狀乳突以外的乳突，都有味蕾存在。味蕾中含有味道細胞，透過味道細胞表面的味覺受器，來感覺味道成分。

精油

植物的葉片和花朵、根部內含有的揮發性油脂，具有特殊的香氣，可以透過水蒸氣蒸餾或熱水蒸餾等方式從中取得。

pH值

氫離子濃度指數；顯示酸性和鹼性程度的數值，以0到14等數字表示。pH7是中性，數字比它小的是酸性，數字比它大則是鹼性。pH值可以透過酸鹼度測定計或pH酸鹼試紙（石蕊試紙）進行量測。為了讓pH值產生1的變化，必須將溶液稀釋成10倍或是濃縮成10倍。當酸味很強的時候，即使加入砂糖pH值也不會改變，但是酸味的感覺會變弱，這是藉由甜味讓酸味的感覺方式改變而已。

礦物質

礦物質是構成身體的元素中，氫（H）、碳（C）、氮（N）、氧（O）之外所有元素的總稱，也被稱為無機物。人體必需的礦物質當中，鈉（Na）、鉀（K）、鈣（Ca）、鎂（Mg）、磷（P）等稱為巨量礦物質，在人體內的含量較高，可以透過飲食大量攝取。至於鋅（Zn）、鐵（Fe）、銅（Cu）、錳（Mn）、鉻（Cr）、碘（I）、鉬（Mo）、硒（Se）等因為含量和攝取量都很少，所以稱為微量礦物質。

脂溶性

容易溶於油脂中的性質；油是不具有極性的溶劑，所以具有脂溶性的物質就是沒有極性的物質。順帶一提，酒精的兩親媒性（amphiphilic）相當好，具有可溶於水中也可溶於油中的性質。

水溶性

容易溶於水中的性質；水是有極性的溶劑，具有水溶性的物質就是有極性的物質。

水溶性蛋白質
鹽溶性蛋白質
難溶性蛋白質

肌肉中含有的蛋白質，相對於鹽溶液的溶解性可以分成三類。可以溶於水中的是水溶性蛋白質，可以溶於鹽溶液中的是鹽溶性蛋白質，無法溶於水中也無法溶於鹽溶液中的是難溶性蛋白質。肌纖維是由肌漿蛋白質和肌原纖維蛋白質構成，肌漿蛋白質含有球狀的肌蛋白和肌白蛋白，這些蛋白質都可以溶於水中，所以將它們認定為水溶性蛋白質。肌原纖維蛋白質含有纖維狀的肌動蛋白和肌凝蛋白，這些蛋白質都可以溶於鹽溶液中，所以認定為鹽溶性蛋白質。結締組織由肉類的受質蛋白質組成，含有膠原蛋白（肌鍵、皮、筋膜內含有此物質）和彈性蛋白（韌帶中含有此物質），不溶於水也不溶於鹽溶液，所以是難溶性蛋白質。

主要參考圖書

《脳と味覚》(山本隆著　共立出版刊)
《調理場1年生からのミザンプラス講座
　—フランス料理の素材の下処理—》(ドミニク・コルビ著　柴田書店刊)
《光琳選書10　食品と熟成》(石谷孝佑編著　株式会社光琳刊)
《だしの研究》(柴田書店刊)
うま味の基本情報　https://www.umamiinfo.jp/what/whatisumami/
《おいしさをつくる「熱」の科学:料理の加熱の「なぜ?」に答えるQ&A》
(佐藤秀美著　柴田書店刊)
《現代フランス料理科学事典》
(ティエリーマルクス著、ラファエルオーモン著　講談社刊)
《新版総合調理科学事典》(日本調理科学会編　光生館刊)
《日本食品大事典第2版カラー写真CD-ROM付》
(杉田浩一[編]、平宏和[編]、田島真[編]、安井明美[編]、
医歯薬出版株式会社刊)

[4]川平杏子. (2005). 日誌法によるプルースト効果の研究. 日本認知心理学会発表論文集, 93.

[5]山本晃輔. (2004). においによる自伝的記憶の無意図的想起の特性：プルースト現象の日誌法的検討. 認知心理学研究, 6(1), 65–73.

風味 × 風味

[1]Uehara, A., & Baldovini, N. (2020). Volatile constituents of yuzu (Citrus junos Sieb. ex Tanaka) peel oil：A review. Flavour and Fragrance Journal, (May 2020), 292–318.

[2]田村隆幸. (2012). 料理とワインの相性からの製造技術へのアプローチ. 生物工学,90巻, 5, 231–234.

[3]Bastian, S. E. P., C. M. Payne, B. Perrenoud, V. L. Joscelyne, and T. E. Johnson. 2009. "Comparisons between Australian Consumers' and Industry Experts' Perceptions of Ideal Wine and Cheese Combinations." Australian Journal of Grape and Wine Research 15 (2)：175–84.

[4]Ballester, J., Mihnea, M., Peyron, D., & Valentin, D. (2013). Exploring minerality of Burgundy Chardonnay wines：a sensory approach with wine experts and trained panellists. Australian Journal of Grape and Wine Research, 19(2), 140–152.

[5]Nygren, T., Nilsen, A. N., & Öström, Å. (2017). Dynamic changes of taste experiences in wine and cheese combinations. Journal of wine research, 28(2), 105-122.

[6]上野 吉一, 味覚からみた霊長類の採食戦略(味覚と食性5), 日本味と匂学会誌, 1999, 6巻, 2 号, p. 179-185

[82]遠藤由香, & 石川匡子. (2015). にがり成分が食塩の呈味性に及ぼす影響. 日本海水学会誌, 69(2), 105-110.
[83]津田淑江, みりん, 日本調理科学会誌, 2009, 42巻, 1号, p.44-48
[84]山田貢. (1985). アスパルテーム. 調理科学, 18(1), 28-33.
[85]山口静子. (1994). 食品の嗜好(第 3 回)食品の嗜好と味. 日本食品工業学会誌, 41 (3), 241-248.
[86]Green, B. G., Lim, J., Osterhoff, F., Blacher, K., & Nachtigal, D. (2010). Taste mixture interactions：suppression, additivity, and the predominance of sweetness. Physiology & Behavior, 101(5), 731–737.
[87]https://woww.helgilibrary.com/indicators/sugar-consumption-per-capita/
[88]田中 智子, 森内 安子, 逵 牧子, 森下 敏子, 魚肉の硬さと食味に及ぼすレモン果汁と食酢の効果, 日本調理科学会誌, 2003, 36 巻, 4 号, p. 382-386
[89]正井 博之, 酢と調理, 調理科学, 1974, 7 巻, 2 号, p. 58-64
[90]本間伸夫, 佐藤恵美子, 渋谷歌子, & 石原和夫. (1979). みその香気吸着性 I みそおよびその水不溶性成分と香気化合物との相互作用. 家政学雑誌, 30(9), 770-774.
[91]本間伸夫, 佐藤恵美子, 渋谷歌子, & 石原和夫. (1981). みその香気吸着性について III 香気吸着性に関与する成分. 家政学雑誌, 32(1), 32-36.
[92]中村元計, 中野久美子, 網塚貴彦, 中村 葵, 原田歩実, 石井真紀, 山崎英恵, 伏木 亨, 切り干し大根に油揚げを添加する伝統的な調理法において油揚げが嗜好性に与える効果の検証, 日本調理科学会誌, 2020, 53 巻, 4 号, p. 246-254
[93]Kalua, C. M., Allen, M. S., Bedgood, D. R., Bishop, A. G., Prenzler, P. D., & Robards, K. (2007). Olive oil volatile compounds, flavour development and quality：A critical review. Food Chemistry, 100(1), 273–286.

設計全新的菜單

[1]佐藤 真実, 谷 洋子, 清水 瑠美子, 高齢者施設における嚥下食の分類とその食事の基準化についての検討, 栄養学雑誌, 2010, 68 巻, 2 号, p. 110-116
[2]黒田 留美子, 摂食・嚥下障害者に適した「高齢者ソフト食」の開発, 日本摂食嚥下リハビリテーション学会雑誌, 2004, 8 巻, 1 号, p. 10-16
[3]的場輝佳. (2013). 料理人が調理のサイエンスの探求と食育に動き出した ― NPO 法人日本料理アカデミーの活動 ―. 日本調理科学会誌, 46(1), 63–64.

[67]松本睦子, & 吉松藤子. (1983). 妙め調理における油通しの効果について. 調理科学, 16(1), 40-46.

[68]原 夕紀子, *飯島久美子, 香西みどり, 緑色野菜の色及び物性変化に及ぼす加熱の影響, 日本調理科学会大会研究発表要旨集, 2011, 23 巻, 平成23年度日本調理科学会大会, セッションID B1p-23, p. 76,

[69]鈴木明希子, 2012, 畜肉燻製品製造における燻煙成分の拡散挙動, 東京海洋大学修士論文
Maga, Joseph A. (1987) . The Flavor Chemistry of Wood Smoke. Food Reviews International 3 (1-2) : 139–83.

[70]松元文子, & 奥山恵美子. (1958). 調味料の食品への滲透について (第 1 報). 家政学雑誌, 9(1), 1-3.

[71]定森許江. (1967). 食品の煮熟度と調味料との関係 (第 1 報). 家政学雑誌, 18(3), 136-140.

[72]晴山克枝. (1985). じゃがいもの加熱における調味料の添加時期と硬さとの関係. 家政学雑誌, 36(11), 880-884.

[73]松本仲子, & 小川久恵. (2007). 調理方法の簡便化が食味に及ぼす影響—調味の順序について—. 日本食生活学会誌, 17(4), 322-328.

[74]浜島 教子, 基本的四味の相互関係について, 調理科学, 1975, 8 巻, 3 号, p. 132-136

[75]相馬一郎. (1985). 色彩の心理効果. 色材協会誌58(9).

[76]村上恵. (2015). ゆで水に添加する食塩の濃度がスパゲティの硬さに及ぼす影響. 日本家政学会誌, 66(3), 120-128.

[77]手崎彰子, 田辺創一, 池崎喜美恵, 新井映子, & 渡辺道子. (1997). ゆで過程における攪はん操作および食塩添加がゆで麺の特性に与える影響. 日本家政学会誌, 48(12), 1097-1101.

[78]Sozer, N., & Kaya, A. (2008). The effect of cooking water composition on textural and cooking properties of spaghetti. International Journal of Food Properties, 11(2), 351-362.

[79]YAMAGUCHI, S., & TAKAHASHI, C. (1984). Interactions of Monosodium Glutamate and Sodium Chloride on Saltiness and Palatability of a Clear Soup. Journal of Food Science, 49(1), 82–85.

[80]公益財団法人塩事業センターホームページ ; https://www.shiojigyo.com/siohyakka/made/

[81]尾方昇. (2003). 食用塩の種類とその特徴 その 2. 日本海水学会誌, 57(1), 17-21.

[52]香西 みどり, 片桐 明子, 畑江 敬子, 野菜の硬さが調味料の拡散に及ぼす影響, 日本調理科学会大会研究発表要旨集, 2005, 17 巻, 平成17年度日本調理科学会大会, セッションID 2E-a7, p. 113

[53]鴻巣章二, 山口勝巳, & 林哲仁. (1978). カニ類の呈味成分に関する研究-I エキス中のアミノ酸ならびに関連物質. 日本水産学会誌, 44(5), 505-510.

[54]飯島 陽子, 薬味の化学：ショウガの風味特性とその生成(〈シリーズ〉教科書から一歩進んだ身近な製品の化学-和食の化学-), 化学と教育, 2015, 63 巻, 9 号, p. 454-455

[55]吉田 秋比古, 佐々木 清司, 岡村 一弘, 魚肉の矯臭試験（第1報）, 生活衛生, 1983, 27 巻, 4 号, p. 167-174

[56]冨岡 文枝, 千坂 雅代, 煮魚中の脂質に対する調味料,副材料の酸化抑制効果について, 調理科学, 1992, 25 巻, 1 号, p. 28-33

[57]太田 静行, マスキングmasking, 日本食品工業学会誌, 1988, 35 巻, 3 号, p. 219-220

[58]山口務, & 田畑智絵. (2005). アルコール飲料添加調理法による肉類の軟化効果. 北陸学院短期大学紀要, 36, 107-117.

[59]金子ひろみ. (2010). 料理に使う日本酒の効果. 日本醸造協会誌, 105(7), 447-454.

[60]下村道子, 島田邦子, 鈴木多香枝, 魚の調理に関する研究, 家政学雑誌, 1976, 27 巻, 7 号, p. 484-488

[61]西村敏英, 江草愛, 食べ物の「こく」を科学するその現状と展望, 化学と生物, 2016, 54巻, 2号, p.102-108

[62]中平 真由巳, 安藤 真美, 伊藤 知子, 今義 潤, 江口 智美, 久保 加織, 高村 仁知, 露口 小百合, 原 知子, 水野 千恵, 明神 千穂, 村上 恵, 和田 珠子, シャロウフライの最適な揚げ条件と問題点, 日本調理科学会大会研究発表要旨集, 2014, 26 巻, 平成26年度(一社)日本調理科学会大会, セッションID 1D-a3, p. 18

[63]峯木 眞知子, 石川 由花, プロの技より解析するてんぷら調理, 日本調理科学会誌, 2016, 49 巻, 2 号, p. 172-175

[64]村上 恵, 吉良 ひとみ, 乾 恵理, 松本 雄大, 天ぷら衣調製時に使用する水の硬度が衣の食感に及ぼす影響, 日本調理科学会大会研究発表要旨集, 2010, 22 巻, 平成22年度日本調理科学会大会, セッションID 2D-p9, p. 80

[65]小林 由実, 和田　真, 山田 和, 加藤 邦人, 上田 善博, 小川 宣子, 揚げ油の温度が天ぷらの衣の品質に及ぼす影響, 日本調理科学会大会研究発表要旨集, 2012, 24 巻, 平成24年度日本調理科学会大会, セッションID 2P-36, p. 164

[66]土屋京子, 島村綾, 成田亮子, 加藤和子, 峯木眞知子, & 長尾慶子. (2013). 揚げ衣の食感に影響を及ぼす添加材料及び揚げ油の検討. 日本調理科学会誌, 46(4), 275-280.

[36]嶋田さおり,渋川祥子. (2013). 焼き調理における加熱条件と推定方法の検討. 日本家政学会誌, 64(7), 343–352.

[37]今井悦子, 早川文代, 松本美鈴, 畑江敬子, & 島田淳子. (2002). 肉種別ハンバーグ様試料の嗜好性におよぼす挽き肉粒度の影響. 日本官能評価学会誌, 6(2), 108-115.

[38]今井悦子, 早川文代, 畑江敬子, 島田淳子, & 相内雅治. (1994). ハンバーグ様挽き肉試料の食感の識別および物性に及ぼす挽き肉粒度の影響. 日本家政学会誌, 45(8), 697-708.

[39]小川 宣子, 卵を調理する一厚焼き卵, 日本調理科学会誌, 1997, 30 巻, 1 号, p. 94-99

[40]上柳 富美子, 魚肉調理におけるふり塩について, 調理科学, 1987, 20 巻, 3 号, p. 206-209

[41]川崎寛也, 赤木陽子, 笠松千夏, & 青木義満. (2009). 中華炒め調理におけるシェフの「鍋のあおり」が具材と鍋温度変化に及ぼす影響. 日本調理科学会誌, 42(5), 334-341.

[42]倉沢新一, 菅原龍幸, 林 淳三, キノコ類中の一般成分および食物繊維の分析, 日本食品工業学会誌, 1982, 29 巻, 7 号, p. 400-406

[43]横川洋子. (1992). 食用キノコの化学成分. 農業技術, 47(7), 311–316.

[44]Kadnikova, I. A., Costa, R., Kalenik, T. K., Guruleva, O. N., & Yanguo, S. (2015). Chemical Composition and Nutritional Value of the Mushroom Auricularia auricula-judae. Journal of Food Nutrition and Research, 3(8), 478–482.

[45]金子真由美, 糀本明浩, 三尋木健史, 飛田昌男, & 長谷川峯夫. (2007). チャーハンの物性とおいしさに及ぼすマヨネーズ配合の影響. In 日本調理科学会大会研究発表要旨集 創立 40 周年日本調理科学会平成 19 年度大会 (pp. 24-24). 日本調理科学会.

[46]住吉雅子, 寺崎太二郎, 畑江敬子, & 島田淳子. (1992). 消費者の意識調査による米飯料理のおいしさの要因分析. 日本家政学会誌, 43(4), 277-284.

[47]松本秀夫「正宗揚州炒飯」https://compitum.net/col_rec/meisai/meisai2.html

[48]山本真子, 岸田恵津, & 井奥加奈. (2018). 野菜の蒸し調理における嗜好特性-カブとキャベツの甘味についてー.日本調理科学会大会研究発表要旨集 平成 30 年度大会 (一社) 日本調理科学会 (p. 90). 日本調理科学会.

[49]堀江秀樹, & 平本理恵. (2009). ニンジンの蒸し加熱による甘味強化. 日本調理科学会誌, 42(3), 194-197.

[50]香西みどり, 2000, 野菜の調理加工における硬さの制御に関する研究, 日本食品科学工学会誌 47(1) : 1–8.

[51] 奥本 牧子, 畑江 敬子, 加熱後の温度履歴が煮物野菜における調味料の拡散に及ぼす影響(第2報), 日本調理科学会大会研究発表要旨集, 2009, 21 巻, 平成21年度日本調理科学会大会, セッションID 2E-a5, p. 1083

[22]吉松藤子, 煮出汁の研究（第一報), 家政学雑誌, 1954-1955, 5 巻, 2 号, p. 359-361

[23]村田尚子, 畑江敬子, 吉松藤子, & 小川安子. (1988). 鰹節の煮だし汁に関する研究 そばつゆ用だし汁の加熱中の成分量の経時的変化について. 日本家政学会誌, 39(4), 297-302.

[24]脇田美佳, 畑江敬子, 早川光江, & 吉松藤子. (1986). 鰹節煮だし汁に関する研究-そばつゆ用煮だし汁の長時間加熱について-. 調理科学, 19(2), 138-143.

[25]澤田崇子.(2003). きのこの調理－シイタケを中心に－. 日本調理科学会誌. 36(3). 344-350.

[26]Ma, J., Chen, Y., Zhu, Y., Ayed, C., Fan, Y., Chen, G., & Liu, Y. (2020). Quantitative analyses of the umami characteristics of disodium succinate in aqueous solution. Food chemistry, 316, 126336.

[27]Kawai, M., Okiyama, A., & Ueda, Y. (2002). Taste enhancements between various amino acids and IMP. Chemical senses, 27(8), 739-745.

[28]山本由喜子, & 北尾典子. (1993). はまぐり潮汁の遊離アミノ酸濃度と味覚に及ぼす加熱時間の影響. 調理科学, 26(3), 214-217.

[29]鴻巣章二, 柴生田正樹, & 橋本芳郎. (1967). 貝類の有機酸, とくにコハク酸含量について. 栄養と食糧, 20(3), 186-189.

[30]貝田 さおり, 玉川 雅章, 渋川 祥子, 牛肉の熱板焼き調理における最適加熱条件, 日本家政学会誌, 1999, 50 巻, 2 号, p. 147-154

[31]星野忠彦. (1990). 食品の素材・調理・加工の食品組織学的研究方法（4）畜産食品の組織. 調理科学, 23(3), 234-241.

[32]澤野祥子, & 水野谷航. (2019). 食肉の肉質を決める筋線維タイプの重要性 筋肉の性質≒食肉の性質?. 化学と生物, 57(11), 663-664.

[33]石渡 奈緒美, 堤 一磨, 福岡 美香, 渡部 賢一, 田口 靖希, 工藤 和幸, 渡辺 至, 酒井 昇, 殺菌価を考慮したフライパンによるハンバーグ焼成時の最適調理, 日本調理科学会誌, 2012, 45 巻, 4 号, p. 275-284

[34]渡辺 豊子, 大喜多 祥子, 福本 タミ子, 石村 哲代, 大島 英子, 加藤 佐千子, 阪上 愛子, 佐々木 廣子, 殿畑 操子, 中山 伊紗子, 樋上 純子, 安田 直子, 山口 美代子, 山本 悦子, 米田 泰子, 山田 光江, 堀越 フサエ, 木咲 弘, ハンバーグステーキ焼成時の内部温度(腸管出血性大腸菌O 157に関連して), (第3報) 日本調理科学会誌, 1999, 32 巻, 4 号, p. 288-295

[35]中山 玲子, 石村 哲代, 奥山 孝子, 片寄 眞木子, 阪上 愛子, 樋上 純子, 福本 タミ子, 細見 和子, 安田 直子, 山本 悦子, 米田 泰子, 渡辺 豊子, フライパンを用いたハンバーグステーキ焼成方法の違いがジューシーさやおいしさに及ぼす影響, 日本調理科学会大会研究発表要旨集, 2009, 21 巻, 平成21年度日本調理科学会大会, セッションID 1P-55, p. 2055

[7]下村道子, 島田邦子, 鈴木多香枝, 板橋文代, 魚の調理に関する研究しめさばについて, 家政学雑誌, 1973, 24 巻, 7 号, p. 516-523

[8]下村道子, 松本重一郎, しめさば処理における魚肉の物性とタンパク質の変化, 日本水産学会誌, 1985, 51 巻, 4 号, p. 583-591

[9]中川致之. (1972). 渋味物質のいき値とたんぱく質に対する反応性. 日本食品工業学会誌, 19(11), 531-537.

[10]池ケ谷賢次郎. (1989). 食品の機能と衛生 茶の機能と衛生. 食品衛生学雑誌, 30(3), 254-257.

[11]古賀優子, & 林 眞知子. (2010). きゅうりの塩もみ後の食塩残存率について. 西九州大学健康福祉学部紀要, 41, 73-76.

[12]久松裕子, 遠藤伸之, & 長尾慶子. (2013). 調理性・嗜好性および抗酸化性から検討した半乾燥干し野菜の調製条件. 日本家政学会誌, 64(3), 137-146.

[13]池内ますみ, 中島純子, 河合弘康, & 遠藤金次. (1985). しいたけ 5'-ヌクレオチド含量に及ぼす乾燥条件および調理加熱条件の影響. 家政学雑誌, 36(12), 943-947.

[14]大倉龍起, 石崎泰裕, 近藤平人, 大川栄一, & 棚橋博史. (2015). ワインに含まれる牛肉を柔らかくする成分とその評価方法.

[15]三橋富子, 森下円, & 小嶋絵梨花. (2012). 牛肉の軟化に及ぼすワインの影響. 生活科学研究所報告, 1.

[16]妻鹿絢子, 三橋富子, 藤木澄子, & 荒川信彦. (1983). ショウガプロテアーゼの筋原繊維蛋白質におよぼす影響. 家政学雑誌, 34(2), 79-82.

[17]妻鹿絢子, 三橋富子, 田島真理子, & 荒川信彦. (1987). 食肉コラーゲンに及ぼすショウガプロテアーゼの影響. 日本家政学会誌, 38(10), 923-926.

[18]Kawasaki, H., Sekizaki, Y., Hirota, M., Sekine-Hayakawa, Y., & Nonaka, M. (2016). Analysis of binary taste-taste interactions of MSG, lactic acid, and NaCl by temporal dominance of sensations. Food Quality and Preference, 52, 1–10.

[19]豊田 美穂, 照井 滋, 石田 裕, 鈴野 弘子, 硬度の異なる水が昆布だしの性質に与える影響, 日本調理科学会大会研究発表要旨集, 2004, 16 巻,

[20]吉松藤子, & 沢田祐子. (1965). 鰹節煮出汁の 5'-リボヌクレオチドについて. 家政学雑誌, 16(6), 335-337.

[21]堤 万穂, 藤原佳史, 亀岡恵子, & 朝田 仁. (2017). 切削形状の異なる鰹節から抽出しただしの品質比較. In 日本調理科学会大会研究発表要旨集 平成 29 年度大会 (一社) 日本調理科学会 (p. 168). 日本調理科学会.

[67]鈴野弘子, 豊田美穂, & 石田裕. (2008). ミネラルウォーター類の使用が昆布だし汁に及ぼす影響. 日本食生活学会誌, 18(4), 376-381.

[68]奥嶋佐知子, & 高橋敦子. (2009). 硬度の異なるミネラルウオーターで調製しただしのミネラル含有量と食味について. 日本家政学会誌, 60(11), 957-967.

[69]村上恵, 吹山遥香, 岩井律子, 酒井真奈未, & 吉良ひとみ. (2020). 水の硬度が牛肉の煮込みに及ぼす影響. 同志社女子大学生活科学, 53, 30-35.

[70] 三橋富子&田島真理子. 2013. "水の硬度がスープストック調製時のアク生成に及ぼす影響." 日本調理科学会誌 46 (1) : 39–44.

[71]鈴野弘子, & 石田裕. (2013). 水の硬度が牛肉, 鶏肉およびじゃがいもの水煮に及ぼす影響. 日本調理科学会誌, 46 (3), 161-169.

[72]Bartoshuk, L. M. (1968). Water taste in man. Perception & Psychophysics, 3(1), 69-72.

[73]Green, B. G. (1992). The effects of temperature and concentration on the perceived intensity and quality of carbonation. Chemical Senses, 17(4), 435–450. https://doi.org/10.1093/chemse/17.4.435

[74]真貝 富夫, 咽喉頭の味覚応答性 : のど越しの味, 日本味と匂学会誌, 1999, 6 巻, 1 号, p. 33-40

[75]原利男, & 久保田悦郎. (1976). 緑茶と紅茶の香気成分の比較.

調理與味道、香氣

[1]1)関 佐知, 清水 徹, 福岡美香, 水島弘史, 酒井 昇, 切断操作が及ぼす食材へのダメージ評価, 日本食品科学工学会誌, 2014, 61 巻, 2 号, p. 47-53

[2]Kawasaki, H., Sekizaki, Y., Hirota, M., Sekine-Hayakawa, Y., & Nonaka, M. (2016). Analysis of binary taste-taste interactions of MSG, lactic acid, and NaCl by temporal dominance of sensations. Food Quality and Preference, 52, 1–10.

[3]Keast, R. S. J., & Breslin, P. A. S. (2002). An overview of binary taste–taste interac tions. Food Quality and Preference, 14, 111–124.

[4]下村道子, 酢漬け魚肉の調理, 調理科学, 1986, 19 巻, 4 号, p. 276-280

[5]畑江敬子, 調理と食塩, 日本海水学会誌, 1999, 53 巻, 5 号, p. 350-355

[6]藤田孝輝, 甘味料としての糖類, 日本調理科学会誌, 2020, 53 巻, 2 号, p. 147-152

[53]Chie YONEDA, Extractive Components of Frozen Short-neck Clam and State of Shell-opening during Cooking , Journal of Home Economics of Japan, 2011, Volume 62, Is sue 6, Pages 361-368

[54]古賀克也, 福永隆生, 大木由起夫, & 川井田博. (1985). 系統豚および系統間雑種豚のロース, もも肉の遊離 アミノ酸, カルノシン含量. 鹿児島大學農學部學術報告, 35, 65–73.

[55]千国幸一, 佐々木啓介, 本山三知代, 中島郁世, 尾嶋孝一, 大江美香, & 室谷進. (2013). ブタ肉中のイノシン酸含量におよぼす筋肉型の影響. 日本養豚学会誌, 50(1), 8-14.

[56]Terasaki, M., Kajikawa, M., Fujita, E., & Ishii, K. (1965). Studies on the flavor of me ats. Agricultural and Biological Chemistry, 29(3), 208–215.

[57]松石昌典, 久米淳一, 伊藤友己, 高橋道長, 荒井正純, 永富 宏, 渡邉佳奈, 早瀬文孝, 沖谷明紘, 和牛肉と輸入牛肉の香気成分, 日本畜産学会報, 2004, 75 巻, 3 号, p. 409-415

[58]松石昌典, 5. 牛肉の香りと熟成(〈総説特集〉 食べ物のおいしさと熟成を科学する), 日本味と匂学会誌, 2004, 11 巻, 2 号, p. 137-146

[59]YOUNATHAN, M. T., & WATTS, B. M. (1959). OXIDATION OF TISSUE LIPIDS IN COOKED PORK. Journal of Food Science, 25(4), 538–543.

[60]西岡輝美, 石塚 譲, 因野要一, 入江正和, 豚脂肪中のスカトール含量と官能評価への影響, 日本畜産学会報, 2011, 82 巻, 2 号, p. 147-153

[61]中村まゆみ, 河村フジ子, ラードの水煮におけるショウガの抗酸化力について(第3報).ニンニク併用の効果, 日本家政学会誌, 1996, 47 巻, 3 号, p. 237-242,

[62]Watkins, P. J., Kearney, G., Rose, G., Allen, D., Ball, A. J., Pethick, D. W., & Warner, R. D. (2014). Effect of branched-chain fatty acids, 3-methylindole and 4-methylphe nol on consumer sensory scores of grilled lamb meat. Meat Science, 96(2), 1088–1094.

[63]Insausti, K., Murillo-Arbizu, M. T., Urrutia, O., Mendizabal, J. A., Beriain, M. J., Col le, M. J., … Arana, A. (2021). Volatile compounds, odour and flavour attributes of lamb meat from the navarra breed as affected by ageing. Foods, 10(3).

[64]一般社団法人日本ジビエ振興協会https://www.gibier.or.jp/gibier/

[65]農林水産省ジビエ利用の推進についてhttps://www.maff.go.jp/j/nousin/gibier/suishin.html

[66]近藤(比江森) 美樹, *新家 大輔, *長尾 久美子, シカ肉の熟成条件の検討, 日本調理科学会大会研究発表要旨集, 2017, 29 巻, 平成29年度大会(一社)日本調理科学会, セッションID 2E-7, p. 71

[38]伊藤聖子, 葛西麻紀子, & 加藤陽治. (2013). バナナの追熟および加熱調理による糖組成の変化. 弘前大学教育学部紀要., 110, 93–100.

[39]西川陽子, & 安瀬智悠. (2015). バナナ追熟時におけるアスコルビン酸の動態. 茨城大学教育学部紀要, 64, 41–49.

[40]深田 陽久, 柑橘類を用いた新しい養殖ブリ(香るブリ)の開発, 日本水産学会誌, 2015, 81 巻, 5 号, p. 796-798

[41]坂口 守彦, 佐藤 健司, 魚介類のおいしさの秘密, 化学と生物, 1998, 36 巻, 8 号, p. 504-509,

[42]徳永 俊夫, 魚類血合肉中のトリメチルアミンオキサイドならびにその分解-I, 日本水産学会誌, 1970, 36 巻, 5 号, p. 502-509

[43]太田静行, 魚の生臭さとその抑臭, 油化学, 1980, 29 巻, 7 号, p. 469-488

[44]須山 三千三, 平野 敏行, 山崎 承三, アユの香気とその成分, 日本水産学会誌, 1985, 51 巻, 2 号, p. 287-294

[45]美智子川上, 優子小西, & 教子日水. (2009). キュウリとニガウリの調理塩揉み工程における香気の変化. 日本家政学会誌, 60(10), 877–885.

[46]大須賀 昭夫, タデの辛味成分タデオナールおよびイソタデオナールの構造, 日本化學雜誌, 1963, 84 巻, 9 号, p. 748-752,A50

[47]村田 道代, 安藤 正史, 坂口 守彦, 魚肉の鮮度とおいしさ, 日本食品科学工学会誌, 1995, 42 巻, 6 号, p. 462-468

[48]的場達人, 秋元聡, & 篠原満寿美. (2003). 1そうごち網で漁獲されたマダイにおける神経抜及び温度管 理による鮮度保持効果について. 福岡県水産海洋技術センター研究報告, 13, 41–45.

[49]下坂 智恵, 古根 康衣, 下村 道子, サメ皮利用のための加圧加熱による物性と成分に及ぼす影響, 日本調理科学会誌, 2010, 43 巻, 3 号, p. 160-167

[50]浅川 明彦, 山口 勝巳, 鴻巣 章二, ホッコクアカエビの呈味成分, 日本食品工業学会誌, 1981, 28 巻, 11 号, p. 594-599

[51]i, S., Chen, L., Sun, Z. et al. Investigating influence of aquaculture seawater with diff erent salinities on non-volatile taste-active compounds in Pacific oyster (Crassostrea gi gas). Food Measure (2021).

[52]礒野 千晶, 瀬戸内海の3つの地域で養殖されたマガキ含有成分の季節変動および養殖地域による違い, 一般社団法人日本家政学会研究発表要旨集, 2016, 68 巻, 68回大会(2016), セッションID 3F-01, p. 78

[23]Ohtsuru, M., & Kawatani, H. (1979). Studies on the myrosinase from Wasabia japonica：Purification and some properties of wasabi myrosinase. Agricultural and Biological Chemistry, 43(11), 2249–2255.

[24]伊奈 和夫, 高澤 令子, 八木 昭仁, 伊奈 郊二, 木島 勲, 沢わさび茎,葉の芥子油成分について, 日本食品工業学会誌, 1990, 37 巻, 4 号, p. 256-260

[25]川端二功. (2013). スパイスの化学受容と機能性. 日本調理科学会誌, 46(1), 1–7.

[26]城 斗志夫, 工藤 卓伸, 田﨑 裕二, 藤井 二精, 原 崇, キノコの香気とその生合成に関わる酵素, におい・かおり環境学会誌, 2013, 44 巻, 5 号, p. 315-322

[27]Bellesia, F., Pinetti, A., Bianchi, A., & Tirillini, B. (1998). The Volatile Organic Compounds of Black Truffle (Tuber melanosporum. Vitt.) from Middle Italy. Flavour and Fragrance Journal, 13, 56–58.

[28]MARIN, A. B., & McDANIEL, M. R. (1987). An Examination of Hedonic Response to Tuber gibbosum and Three Other Native Oregon Truffles. Journal of Food Science, 52(5), 1305–1307.

[29]吉田 恵子, 四十九院 成子, 福場 博保, 黒緑豆タンパク質画分とその発芽過程における変化について, 日本栄養・食糧学会誌, 1986, 39 巻, 5 号, p. 415-421

[30]森永 泰子, 発芽中の黒緑豆の子葉におけるL-アスコルビン酸の生成と糖代謝の変動, 日本家政学会誌, 1987, 38 巻, 5 号, p. 369-373

[31]四十九院 成子, 吉田 恵子, 福場 博保, 黒緑豆プロテアーゼインヒビターの諸性質について, 栄養と食糧, 1979, 32 巻, 5 号, p. 321-327

[32]大久保 一良, 大豆のDMF (Dry Mouth Fee1,あく,不快味)成分と, 豆腐等の食品加工におけるその挙動. 日本食品工業学会誌, 1988, 35 巻, 12 号, p. 866-874

[33]大村 芳正, 秋山 美展, 斎尾 恭子, 大豆リポキシゲナーゼの品種並びに種実の部位別変化, 日本食品工業学会誌, 1986, 33 巻, 9 号, p. 653-658

[34]廣瀬潤子, & 浦部貴美子. (2011). 大豆たん白素材における不快フレーバー改善調理法 および保存方法の検討. 大豆たん白質研究, 14, 111–115.

[35]高橋敦子, 伊藤喜誠, 奥嶋佐知子, & 吉田企世子. (1997). カボチャの品種による果肉成分の違いが食味に及ぼす影響. 日本調理科学会誌, 30(3), 232–238.

[36]Keast, R. S. J., & Breslin, P. A. S. (2002). An overview of binary taste–taste interactions. Food Quality and Preference, 14, 111–124.

[37]大島 松美, 大島 敏久, 食品甘味料としての異性化糖の教材化, 化学と教育, 1995, 43 巻, 11 号, p. 710-713

[8]石井智恵美, 鈴木敦子, 倉田元子, & 表美守. (1990). ナスアントシアニンの熱安定性. 日本食品工業学会誌, 37(12), 984-987.

[9]Takase, Shohei, Kota Kera, Yuya Hirao, Tsutomu Hosouchi, Yuki Kotake, Yoshiki Nagashima, Kazuto Mannen, Hideyuki Suzuki, and Tetsuo Kushiro. 2019. "Identification of Triterpene Biosynthetic Genes from Momordica Charantia Using RNA-Seq Analysis." Bioscience, Biotechnology, and Biochemistry 83 (2) : 251–61.

[10]https://www.azooptics.com/Article.aspx?ArticleID=643

[11]"CucurbitacinI."Caymanchem.com. http : //www.caymanchem.com/pdfs/14747.pdf.

[12]上野吉一. (1999). 味覚からみた霊長類の採食戦略 (味覚と食性 5). 日本味と匂学会誌, 6(2), 179-185.

[13]小原 香, 坂本 由佳里, 長谷川 治美, 河塚 寛, 坂本 宏司, 早田 保義, コリアンダーの成長期・器官別香気成分の変動, 園芸学会雑誌, 2006, 75 巻, 3 号, p. 267-269

[14]野下浩二. (2015). カメムシ臭気成分の化学生態学的研究. 日本農薬学会誌, 40(2), 152-156. https://doi.org/10.1584/jpestics.w15-06

[15]Mauer, L., & El-Sohemy, A. (2012). Prevalence of cilantro (Coriandrum sativum) disliking among different ethnocultural groups. Flavour, 1(1), 1–5.

[16]JOSEPHSON, D. B., LINDSAY, R. C., & STUIBER, D. A. (1985). Volatile Compounds Characterizing the Aroma of Fresh Atlantic and Pacific Oysters. Journal of Food Science, 50(1), 5–9.

[17]Delort, E., Jaquier, A., Chapuis, C., Rubin, M., & Starkenmann, C. (2012). Volatile Composition of Oyster Leaf (Mertensia maritima (L.) Gray). Journal of Agricultural and Food Chemistry, 60(47), 11681–11690.

[18]丸山 悦子, 茂木 育子, 浅野 由美, 末安 加代子, 峰雪 敬子, 橋本 慶子, 長谷川 千鶴, 筍のホモゲンチジン酸生成酵素について, 家政学雑誌, 1979, 30 巻, 7 号, p. 603-607

[19]長谷川 千鶴, 料理における蓚酸と食味との関係, 家政学雑誌, 1956-1957, 7 巻, 1 号, p. 4-6

[20]口羽 章子, 坂本 裕子, たけのこ料理と京都, 調理科学, 1990, 23 巻, 3 号, p. 263-266

[21]青木 雅子, 小泉 典夫, そば粉の揮発性成分の官能的特性とその製粉後の消長, 日本食品工業学会誌, 1986, 33 巻, 11 号, p. 769-772

[22]大日方 洋, 唐沢 秀行, 臭いかぎ装置を用いたそば香気成分の分析, 長野県工業技術総合センター研究報告, 2007, 2号, p.14-17

[30]斉藤知明. (2004). 8. 食品のこくと, こく味 (< 総説特集> 食べ物のおいしさと熟成を科学する). 日本味と匂学会誌, 11(2), 165-174.

[31]斎藤幸子. (1983). 味覚のあいまいさ (< 特集>「感覚のあいまいさ」). バイオメカニズム学会誌, 7(3), 14-19.

[32]宮澤利男. (2016). 相互作用の計測による隠し香(閾下濃度成分)の発見.日本醸造協会誌,111巻.7号.p.422－430

[33]Oka, Y., Omura, M., Kataoka, H., & Touhara, K. (2004). Olfactory receptor antagonism between odorants. EMBO Journal, 23(1), 120–126.

[34]伊藤フミ, & 玉木民子. (1981). 食物嗜好についての研究(第1報) 一年齢別にみた嗜好の傾向一. 新潟青陵女子短期大学研究報告, 11, 71–82.

[35]高橋徳江, 鈴木和子,佐藤節夫, & 平井慶徳. (1991). 高齢者医療における栄養・食事管理一低栄養の補正と過剰摂取の是正一. 順天堂医学, 37(1), 15–25.

[36]石橋 忠明, 松本 秀次, 原田 英雄, 越智 浩二, 田中 淳太郎, 妹尾 敏伸, 岡 浩郎, 三宅 啓文, 木村 郁郎, 加齢による膵外分泌機能の変化, 日本老年医学会雑誌, 1991, 28 巻, 5 号, p. 599-605

素材的風味、香氣

[1]商鍾嵐. (2017). 忘れられたシルクロードの痕跡：閩南語と日本 語の繫がり. 平安女学院大学研究年報, 17, 101–109.

[2]ユドアミジョヨ R.ムルヨノ, 松山 晃, インドネシアの伝統的大豆発酵調味料, 日本食品工業学会誌, 1985, 32 巻, 10 号, p. 774-785

[3]堀江 秀樹, キャピラリー電気泳動法による野菜の主要呈味成分の分析, 分析化学, 2009, 58 巻, 12 号, p. 1063-1066

[4]高田 式久, トマトのアミノ酸について, 日本家政学会誌, 2012, 63 巻, 11 号, p. 745-749

[5]草薙得一 & 尾崎元扶. (1965). 暖地馬鈴薯の萠芽性に関する研究(第3報). 中国農業試験場報告. A, 作物部・環境部, 11, 35–54.

[6]加藤陽治, 照井誉子, 羽賀敏雄, 小山セイ, 日景弥生, & 盛玲子. (1993). 生食野菜類のアミラーゼ活性. 弘前大学教育学部教科教育研究紀要, 17, 49-57.

[7]須藤朗孝. (2013). 温湿度技術による熟成技術のシステム化に関する研究 (Doctoral dissertation, 岩手大学).

[13]小林茂雄, 近藤奈々美, 大嶋絵理奈. (2019). 視覚を制限した暗闇での飲料味覚の現れ方. New Food Industry, 61(6), 419–429.
[14]Maga, J. A. (1974). Influence of color on taste thresholds. Chemical Senses, 1(1), 115–119.
[15]西村幸泰, & 橋田朋子. (2016). 飲料の彩度変化が味の濃さと明瞭さに与える影響. 信学技報, 115(495), MVE2015-69, pp.79–83.
[16]澁川義幸, & 田﨑雅和. (2010). 食・テクスチャーの神経基盤：脳における口腔内体性感覚発現. 歯科学報, 110(6), 813–817.
[17]Devezeaux de Lavergne, M., van Delft, M., van de Velde, F., van Boekel, M. a. J. S., & Stieger, M. (2015). Dynamic texture perception and oral processing of semi-solid food gels：Part 1：Comparison between QDA, progressive profiling and TDS. Food Hydrocolloids, 43, 207–217.
[18]早川文代. (2013). 日本語テクスチャー用語の体系化と官能評価への利用. 日本食品科学工学会誌, 60(7), 311–322.
[19]Spence, C., Michel, C. & Smith, B. Airplane noise and the taste of umami. Flavour 3, 2 (2014).
[20]早川文代. (2008). おいしさを評価する用語. 日本調理科学会誌, 41(2), 148–153.
[21]杉山妙, & 村野賢博. (2020). “音”による食感の可視化. オレオサイエンス, 20(11), 515–520.
[22]小泉直也, 田中秀和, 上間裕二, & 稲見昌彦. (2013). 咀嚼音提示を利用した食感拡張装置の検討. Transactions of the Virtual Reality Society of Japan, 18(2), 141–150.
[23]坂井信之、食における学習性の共感覚、日本味と匂学会誌 Vol. 16, No.2, pp.171-178 (2009)
[24]下田満哉、塩味・うま味増強香気成分による減塩食の嗜好性改善、日本味と匂学会誌 Vol.22, No.2, pp.151-156 (2015)
[25]鈴木 隆, においとことば, におい・かおり環境学会誌, 2013, 44 巻, 6 号, p. 346-356
[26]山田仁子, ワインの言葉に見る共感覚比喩, 言語文化研究, 1999, (6), 177-196
[27]宇都宮 仁, フレーバーホイール, 化学と生物, 2012, 50 巻, 12 号, p. 897-903
[28]Y Dejima, S Fukuda, Y Ichijoh, K Takasaka, R Ohtsuka . (1996). Cold-induced salt intake in mice and catecholamine, renin and thermogenesis mechanisms. Appetite, 26, 3, 203-220.
[29]井上裕, 渡辺寛人, & 早瀬文孝. (2016). おいしさに関わる調味料の加熱香気. におい・かおり環境学会誌, 47(6), 392-400.

引用、參考文獻

味覺、嗅覺整體

[1]堀尾 強, 河村 洋二郎, 味の嗜好に及ぼす運動の影響：甘味、塩味、うま味について, 日本味と匂学会誌, 1996, 3 巻, 1 号, p. 37-45

[2]将納横家, & 服部 宣明. (2009). 日本人の食塩摂取量の地域差に関する気候学的考察. 下関短期大学紀要, 29, 19–29.

[3]https://www.hsph.harvard.edu/magazine/magazine_article/wheres-the-salt/

[4]Hoppu, U., Hopia, A., Pohjanheimo, T., Rotola-Pukkila, M., Mäkinen, S., Pihlanto, A., & Sandell, M. (2017). Effect of Salt Reduction on Consumer Acceptance and Sensory Quality of Food. Foods 2017, Vol. 6, Page 103, 6(12), 103.

[5]Yamaguchi, Shizuko, and Chikahito Takahashi. 1984. "Interactions of Monosodium Glutamate and Sodium Chloride on Saltiness and Palatability of a Clear Soup." Journal of Food Science 49 (1): 82–85.

[6]Wang, C., Lee, Y., & Lee, S. Y. (2014). Consumer acceptance of model soup system with varying levels of herbs and salt. Journal of Food Science, 79(10), S2098–S2106.

[7]佐々木公子, 芦田愛佳, 關元真紀, 西川真由, 山﨑恵里奈, 小林由枝, & 藤戸茜. (2018). 香辛料の塩味への影響および減塩食への応用の可能性. 美作大学紀要, (51), 99-106.

[8]真部真理子. (2011). だしの風味と減塩, 44(2), 3–4.

[9]小松さくら,友野隆成,青山謙二郎. (2009). 食物への渇望(Food Craving)と気分状態との関連. 感情心理学研究, 17(2), 129–133.

[10]川端二功. (2013). スパイスの化学受容と機能性. 日本調理科学会誌, 46(1), 1–7.

[11]小島 泰雄, 辛い四川料理とモンスーンアジア, 日本地理学会発表要旨集, 2018, 2018a 巻, 2018年度日本地理学会秋季学術大会, セッションID S606, p. 86

[12]Yoshida, K., Nagai, N., Ichikawa, Y., Goto, M., Kazuma, K., Oyama, K. I., ... & Kondo, T. (2019). Structure of two purple pigments, catechinopyranocyanidins A and B from the seed-coat of the small red bean, Vigna angularis. Scientific reports, 9(1), 1-12.

味・香り「こつ」の科学：おいしさを高める味と香りのQ&A

理

為什麼好吃？

從食材到廚房，176個有趣的美味科學Q&A

2APV54

作　　者　川崎寬也
翻　　譯　康逸嵐

責任編輯　蔡穎如
封面設計　走路花工作室
內頁設計　林詩婷

行銷企劃　辛政遠、楊惠潔
總 編 輯　姚蜀芸
副 社 長　黃錫鉉
總 經 理　吳濱伶
首席執行長　何飛鵬

出　　版　創意市集
發　　行　英屬蓋曼群島商家庭傳媒股份有限公司城邦分公司
Distributed by Home Media Group Limited Cite Branch
地　　址　104 臺北市民生東路二段141號7樓
7F No. 141 Sec. 2 Minsheng E. Rd. Taipei 104 Taiwan

讀者服務專線　0800-020-299 周一至周五09:30～12:00、13:30～18:00
讀者服務傳真　(02)2517-0999、(02)2517-9666
E-mail　service@readingclub.com.tw
城邦書店　城邦讀書花園www.cite.com.tw
地　　址　104臺北市民生東路二段141號7樓
電　　話　(02) 2500-1919　營業時間：09:00～18:30

ISBN　978-626-7336-13-7
版　　次　2023年10月初版1刷
定　　價　新台幣480元／港幣160元

製版印刷　凱林彩印股份有限公司

日本版製作團隊
AD　細山田光宣
デザイン　木寺梓(細山田デザイン事務所)
イラスト　川合翔子
図版作成　タクトシステム株式会社
編集　長澤麻美

國家圖書館預行編目(CIP)資料

日本料理為什麼好吃？：從食材到廚房，176個有趣的和食美味科學Q&A /川崎寬也 著；康逸嵐 譯. -- 初版. -- 臺北市：創意市集出版：英屬蓋曼群島商家庭傳媒股份有限公司城邦分公司發行, 2023.10
面；　公分
ISBN 978-626-7336-13-7 (平裝)

1. 烹飪 2. 食譜

427.1　　112009989

香港發行所　城邦（香港）出版集團有限公司
香港灣仔駱克道193號東超商業中心1樓
電話：(852) 2508-6231
傳真：(852) 2578-9337
信箱：hkcite@biznetvigator.com

馬新發行所　城邦（馬新）出版集團
41, Jalan Radin Anum, Bandar Baru Sri Petaling, 57000 Kuala Lumpur, Malaysia.
電話：(603) 9056-3833
傳真：(603) 9057-6622
信箱：services@cite.my